BIM应用基础教程
（第2版）

主　编　郭仙君　　张　燕　　周薛峰

副主编　赵　威　　顾年福　　房忠洁

　　　　符　想　　于贵霞　　杨国平

参　编　李　晨　　张　兵　　郭　楷

　　　　许成林

主　审　张　军

北京理工大学出版社
BEIJING INSTITUTE OF TECHNOLOGY PRESS

内 容 提 要

本书依据建筑信息模型技术员国家职业技能标准、建筑信息模型（BIM）职业技能等级标准，结合相关专业教学标准和相关课程标准要求编写完成。本书分为 BIM 理论和 BIM 技能两大模块，包含七个项目（章节），主要内容包括 BIM 基础知识、BIM 建模流程、Revit 基础操作、建筑专业模型创建、结构专业模型创建、族及常用构件创建、装饰专业模型创建。本书编写体例新颖，贴近教学实践，体现了能力培养的实用性、素质培养的拓展性、教材资源的多样性等特点。

本书可作为高等院校建筑类相关专业的教材，也可供从事 BIM 相关岗位的工程技术人员学习和参考。

图书在版编目（CIP）数据

BIM应用基础教程/郭仙君，张燕，周薛峰主编. --
2版. -- 北京：北京理工大学出版社，2021.10
　　ISBN 978-7-5763-0579-1

　　Ⅰ. ①B… 　Ⅱ. ①郭… ②张… ③周… 　Ⅲ. ①建筑设
计—计算机辅助设计—应用软件 　Ⅳ. ①TU201.4

　　中国版本图书馆CIP数据核字（2021）第220377号

出版发行 / 北京理工大学出版社有限责任公司
社　　址 / 北京市海淀区中关村南大街5号
邮　　编 / 100081
电　　话 / （010）68914775（总编室）
　　　　　　（010）82562903（教材售后服务热线）
　　　　　　（010）68944723（其他图书服务热线）
网　　址 / http://www.bitpress.com.cn
经　　销 / 全国各地新华书店
印　　刷 / 河北鑫彩博图印刷有限公司
开　　本 / 787毫米×1092毫米　1/16
印　　张 / 15.5　　　　　　　　　　　　　　　　　责任编辑 / 钟　博
字　　数 / 339千字　　　　　　　　　　　　　　　　文案编辑 / 钟　博
版　　次 / 2021年10月第2版　2021年10月第1次印刷　　责任校对 / 周瑞红
定　　价 / 69.00元　　　　　　　　　　　　　　　　责任印制 / 边心超

随着工业化、信息化深度融合带来的新业态、新技术、新模式蓬勃发展，BIM 作为一种新的生产范式和信息化的具体应用形态，正成为建筑业改革创新的一项重要驱动力。随着 BIM 技术的广泛应用，BIM 技术已成为当今建筑业转型升级的革命性技术，必将改变建筑业的未来。BIM 技术课程也已经在高校土木类专业中广泛开设，对于土木类专业的学生而言，BIM 技术已然成为一项重要的专业技能。

本书作为 BIM 技术应用基础教程，其目的是让学生有效掌握 BIM 基础理论和 BIM 建模操作技能。本书分为 BIM 理论和 BIM 技能两大模块。第 1 个模块是第一章～第三章，主要阐述 BIM 基础理论。首先，以 BIM 的认识为基础，系统地介绍了 BIM 的概念、BIM 的起源和发展、BIM 应用价值和 BIM 应用软件；其次，对 BIM 建模流程进行了介绍；最后，对 Revit 建模软件的操作基础和专业术语进行了详细介绍。第 2 个模块是第四章～第七章，主要阐述 BIM 软件的应用操作，详细介绍了实际案例的建模操作，具体包括建筑专业、结构专业、装饰专业和参数化构件的建模应用操作。

本书的编写思路是理论联系实际，内容系统全面，知识性、可读性强，主要培养学生在 BIM 理论与应用方面的职业技能和职业素养。通过本书的学习，学生能够掌握 BIM 的概念，并熟练运用常用的 BIM 建模软件创建专业模型，为从事 BIM 相关工作奠定基础。

与第 1 版相比，本版更新了软件版本，增加了思政元素、知识导图和学习测验，进一步拓展了课程资源，同步开发了在线课程。第 2 版主要特色如下：

（1）系统构建 BIM 知识体系，课证一体。结合"1+X"证书制度试点，将 BIM 课程知识点和 BIM 职业技能点融合，以模块化方式重构，从 BIM 理论知识和技能知识两大模块先后切入，借助知识导图直观呈现 BIM 知识点，通过 BIM 理论学习和 BIM 技能学习，结合学习测验和 BIM 技能考证，学测一体，最终让学生掌握 BIM 技能，并能构建属于自己的 BIM 知识体系。

（2）双向打通二维图纸和三维模型之间的联系，理实一体。以真实生产项目为载体，将项目图纸识读与 BIM 建模训练一体化整合，扫码查看 BIM 建模目标成果，帮助学生快速建立二维图纸和三维模型之间的联系，以促进建模实践，达成学习目标，并通过技能考证、技能大赛，检测识图、建模核心技能的掌握情况。

（3）动态融入育人元素，思政融通。针对 BIM 职业岗位特点，充分挖掘思政元素融入课程标准及内容，应用公众号定期推送，形成动态的思政案例素材库，立体拓展教学内容，配合在线开放课程、读者交流群、公众号留言讨论，师生移动互联，全方位提升学生的学习兴趣，关注行业前沿，及时推送新 BIM 知识点，使学生的 BIM 知识体系不断迭代更新。

为方便读者学习，编者开发建设了如下三个资源平台：公众号资源库、在线课程拓展和教材配套资源。

公众号资源库　　　　　在线课程拓展　　　　教材配套资源

本书由高等院校教师和企业工程师合作开发，是江苏省高等教育教改研究课题"适应'互联网+'变化的教育教学模式改革研究与实践"（2019JSJG646）、教育部行指委职业教育改革创新课题"信息技术在专业教学中的应用与探索"（HBKC216024）、扬州工业职业技术学院 2020 年校级规划课程（1+X 证书培训课程）系列研究成果之一。

本书由郭仙君、张燕、周薛峰担任主编，由赵威、顾年福、房忠洁、符想、于贵霞、杨国平担任副主编。全书由郭仙君总体策划、构思并负责统编定稿。具体编写分工如下：第一章、第二章和第三章由郭仙君和周薛峰编写；第四章由张燕、房忠洁、符想编写；第五章由赵威和杨国平编写；第六章由赵威编写；第七章由顾年福编写；于贵霞负责图文校对；参与策划编写的还有李晨、张兵、郭楷、许成林，全书由张军主审。

本书在编写过程中参考了大量文献资料，在此对所有文献的作者表示感谢。由于编者水平有限，书中难免存在不足之处，恳请各位读者批评指正。

编　者

○目 录

Contents ⋮⋅

第 一 章

BIM 基础知识

学习目标

1. 了解本课程学习的方法，树立正确的学习态度；
2. 了解 BIM 的概念；
3. 掌握 BIM 技术的特点、优势和价值；
4. 了解 BIM 相关软件及其应用；
5. 能够执行国家建筑信息模型相关标准。

学习导图

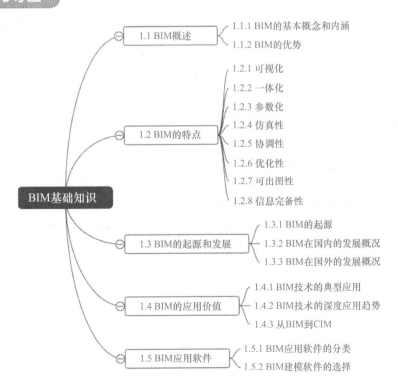

- BIM基础知识
  - 1.1 BIM概述
    - 1.1.1 BIM的基本概念和内涵
    - 1.1.2 BIM的优势
  - 1.2 BIM的特点
    - 1.2.1 可视化
    - 1.2.2 一体化
    - 1.2.3 参数化
    - 1.2.4 仿真性
    - 1.2.5 协调性
    - 1.2.6 优化性
    - 1.2.7 可出图性
    - 1.2.8 信息完备性
  - 1.3 BIM的起源和发展
    - 1.3.1 BIM的起源
    - 1.3.2 BIM在国内的发展概况
    - 1.3.3 BIM在国外的发展概况
  - 1.4 BIM的应用价值
    - 1.4.1 BIM技术的典型应用
    - 1.4.2 BIM技术的深度应用趋势
    - 1.4.3 从BIM到CIM
  - 1.5 BIM应用软件
    - 1.5.1 BIM应用软件的分类
    - 1.5.2 BIM建模软件的选择

1.1 BIM 概述

1.1.1 BIM 的基本概念和内涵

工业革命经历了机械化、电气化、计算机信息化和互联网智能化四个发展阶段。每一次工业革命都对生产力的发展产生了巨大的影响和促进作用。建筑领域的发展也是如此。在最开始的建筑设计中，设计师往往需要使用作图工具和纸来表达自己的设计思路，绘图的过程耗时又耗力。20 世纪 60 年代，CAD（Computer Aided Design）的产生将设计师从图板中解放出来，大大提升了画图的速率，这也是建筑领域的第一次革命。

但是，通过 CAD 绘制出的图形文件却只能包含建筑项目的一小部分信息。而现代建筑项目，随着通信、数据、安全、智能、节能等专业的广泛应用，项目的复杂性呈几何增长。建筑、结构、电气、暖通、造价、物业管理等专业在一起分别使用不同用途的软件工作，形成的数字成果也是分散零碎、彼此脱节的，甚至是相互矛盾的；这些重复劳动既浪费人力、物力，遇到设计变更、错漏碰缺时，又不能步调一致。因此，BIM 技术的产生就变得尤为重要。

BIM 是什么？

1. BIM 的基本概念

建筑信息模型（Building Information Modeling，BIM）是由查克·伊斯曼（Chuck Eastman）教授于 20 世纪 70 年代提出的。BIM 以建筑工程项目的各项相关信息数据作为模型的基础，进行建筑模型的建立，通过数字信息仿真模拟建筑物所具有的真实信息。美国国家 BIM 标准委员会（NBIMS）将 BIM 定义为：

以"人文历史"弘扬传统，树立文化自信，培养工匠精神

（1）BIM 是一个设施（建设项目）物理和功能特性的数字表达；

（2）BIM 是一个共享的知识资源，是一个分享有关这个设施的信息，为该设施从建设到拆除的全生命周期中的所有决策提供可靠依据的过程；

（3）在项目的不同阶段，不同利益相关方通过在 BIM 中插入、提取、更新和修改信息，以支持和反映其各自职责的协同作业。

《建筑信息模型应用统一标准》（GB/T 51212—2016）将 BIM 定义为：在建设工程及设施全生命期内，对其物理和功能特性进行数字化表达，并依此设计、施工、运营的过程和结果的总称。简称模型。

当前，BIM 技术正逐步应用于建筑行业的多个方面，包括建筑设计、施工现场管理、建筑运营维护管理等。

建筑信息模型包含了不同专业的所有信息、功能要求和性能，将一个工程项目的所有信息，包括在设计过程、施工过程、运营管理过程的信息，全部整合到一个 BIM 模型中（图 1.1.1）。

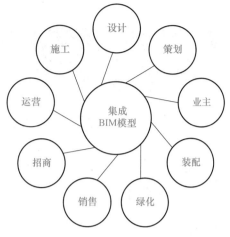

图 1.1.1　各专业集成 BIM 模型图

2. BIM 的内涵

BIM 技术涵盖了几何学、空间关系、地理信息系统、各种建筑组件的性质及数量等信息，整合了建筑项目全生命周期不同阶段的数据、过程和资源，是对工程对象的完整描述。BIM 技术具有面向对象、基于三维几何模型、包含其他信息和支持开放式标准四个关键特征。

（1）面向对象。BIM 以面向对象的方式表示建筑，使建筑成为大量实体对象的集合。例如，一栋建筑包含大量的结构构件、填充墙等，用户的操作对象将是这些实体对象，而不再是点、线、面等几何元素。

（2）基于三维几何模型。建筑物的三维几何模型可以如实的表示建筑对象，并反映对象之间的拓扑关系。相对于二维图形的表达方式，三维几何模型能更直观地显示建筑信息，计算机可以自动对这些信息进行加工和处理，而不需人工干预。例如，软件自动计算生成建筑面积、体积等数据。

（3）包含其他信息。基于三维几何模型的建筑信息中包含属性值信息，该功能使软件可以根据建筑对象的属性值对其数量进行统计、分析。例如，选择某种型号的窗户，软件将自动统计、生成该型号门窗的数量。

（4）支持开放式标准。建筑施工过程参与者众多，不同专业、不同软件支持不同的数据标准，BIM 技术通过支持开放式的数据标准，使建筑全生命周期内各个阶段产生的信息在后续阶段中都能被共享应用，避免了信息的重复录入。

因此，可以说BIM不是一件事物，也不是一种软件，而是一项涉及整个建造流程的活动。

1.1.2　BIM 的优势

CAD 技术将建筑师、工程师从手工绘图推向计算机辅助制图，实现了工程设计领域的第一次信息革命。但是，此信息技术对产业链的支撑作用是断点的，各个领域和环节之间没有关联，从整个产业整体来看，信息化的综合应用明显不足。BIM 是一种技术、一种方法、一种过程，它既包括建筑物全生命周期信息的模型，同时，又包括建筑工程管理行为的模型，它将两者进行完美的结合来实现集成管理，它的出现将引发整个建筑学 / 工程学 / 建筑工程（Architecture/Engineering/Construction，A/E/C）领域的第二次信息革命。

以"实际案例"启迪智慧，增强专业自信，培养创新思维

BIM 技术较二维 CAD 技术的优势见表 1.1.1。

表 1.1.1 BIM 技术较二维 CAD 技术的优势

面向对象类别	CAD 技术	BIM 技术
基本元素	基本元素为点、线、面，无专业意义	基本元素如墙、窗、门等，不但具有几何特性，同时还具有建筑物理特征和功能特征
修改图元位置或大小	需要再次画图，或者通过拉伸命令调整大小	所有图元均为参数化建筑构件，附有建筑属性；在"族"的概念下，只需要更改属性，就可以调节构件的尺寸、样式、材质、颜色等
各建筑元素之间的关联性	各个建筑元素之间没有相关性	各个构件是相互关联的，例如删除一面墙，墙上的窗和门跟着自动删除；删除一扇窗，墙上原来窗的位置会自动恢复为完整的墙
建筑物整体修改	需要对建筑物各投影面依次进行人工修改	只需进行一次修改，与之相关的平面、立面、三维视图、明细表等都将自动修改
建筑信息的表达	提供的建筑信息非常有限，只能将纸质图纸电子化	包含建筑的全部信息，不仅提供形象可视的二维和三维图纸，而且提供工程量清单、施工管理、虚拟建造、造价估算等更加丰富的信息

∷ 【学习测验】

1. 下列关于 BIM 技术含义的说法不准确的是（　　）。
    A. 以三维数字技术为基础，是对工程项目设施实体与功能特性的数字化表达
    B. 具有单一工程数据源，是项目实时的共享数据平台
    C. BIM 技术是对整个建筑行业领域的一次革命
    D. 是完整的信息模型，可被建设项目各参与方普遍使用

2. 下列对 BIM 技术与 CAD 技术在建筑信息表达的表述中，不准确的是（　　）。
    A. CAD 包含建筑的全部信息
    B. CAD 技术只能将纸质图纸电子化
    C. BIM 可提供二维和三维图纸
    D. BIM 可提供工程量清单、施工管理等更加丰富的信息

3. 【多选】下列说法错误的是（　　）。
    A. BIM 就是三维建模
    B. BIM 是建筑信息模型化
    C. BIM 是单专业的事情
    D. BIM 就是 5D

4. 【多选】集成 BIM 模型包含来自（　　）的信息。
    A. 业主
    B. 建筑师
    C. 结构工程师
    D. 机电设备和给水排水工程师

5. 关于 BIM 技术，下列说法正确的是（   ）。

  A. BIM 是在建设工程及设计全生命期内，对其物理和功能特性进行数字化表达，并依此设计、施工、运营的过程和结果的总称

  B. BIM 技术就是建立三维模型

  C. BIM 技术各专业数据保存在各专业模型中，不能流通

  D. BIM 技术是一个软件

1.2   BIM 的特点

从 BIM 应用的角度看，BIM 在建筑对象全生命周期内具备可视化、一体化、参数化、仿真性、协调性、优化性和可出图性等基本特征。

1.2.1 可视化

1. 设计可视化

设计可视化即在设计阶段建筑及构件以三维方式直观呈现出来。设计师能够运用三维思考方式有效地完成建筑设计，同时，也使业主（或最终用户）真正摆脱了技术壁垒限制，可随时直接获取项目信息，大大减少了业主与设计师之间的沟通障碍。

BIM 具有多种可视化的模式，一般包括隐藏线、带边框着色和真实渲染三种模式。图 1.2.1 所示是在这三种模式下的图例。

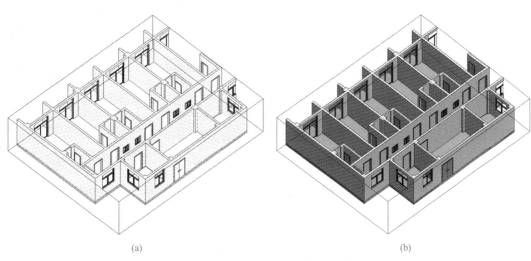

(a)   (b)

图 1.2.1   BIM 可视化的三种模式

（a）隐藏线；（b）带边框着色

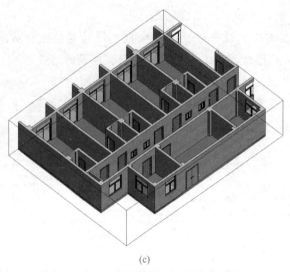

(c)

图 1.2.1 BIM 可视化的三种模式（续）

（c）真实渲染

另外，BIM 还具有漫游功能，通过创建相机路径，并创建动画或一系列图像，可对项目工程进行三维动态化展示（图 1.2.2）。

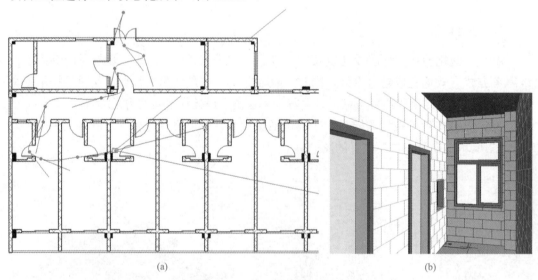

（a） （b）

图 1.2.2 BIM 漫游可视化图

（a）漫游路径设置；（b）漫游展示

2. 施工可视化

（1）施工组织可视化。施工组织可视化即利用 BIM 工具创建建筑设备模型、周转材料模型、临时设施模型等，以模拟施工过程，确定施工方案，进行施工组织。通过创建各种模型，可以在计算机中进行虚拟施工，使施工组织可视化（图 1.2.3）。

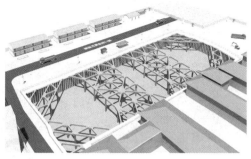

图 1.2.3　施工组织可视化图

（2）复杂构造节点可视化。复杂构造节点可视化即利用 BIM 的可视化特性可以将复杂的构造节点全方位呈现，如复杂的钢筋节点、幕墙节点等。图 1.2.4 所示为复杂钢筋节点的可视化应用，传统 CAD 图纸［图 1.2.4（a）］难以表示的钢筋排布在 BIM 中可以很好地得到展现［图 1.2.4（b）］，甚至可以做成钢筋模型的动态视频，有利于施工和技术交底。

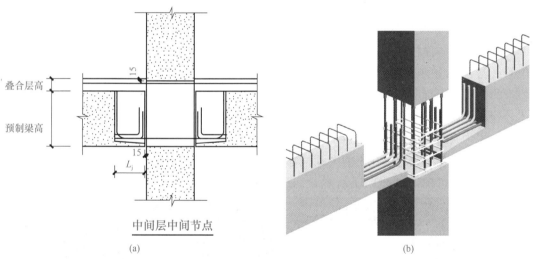

图 1.2.4　复杂钢筋节点可视化图

（a）CAD 图纸；（b）BIM 展现

3. 设备可操作性可视化

设备可操作性可视化即利用 BIM 技术可对建筑设备空间是否合理进行提前检验。某机房 BIM 模型如图 1.2.5 所示，通过该模型可以验证机房的操作空间是否合理，并对管道支架进行优化。通过制作工作集和设置不同施工路线，可以制作多种设备安装的动画，不断调整，从中找出最佳的机房安装位置和工序。与传统的施工方法相比，该方法更直观、清晰。

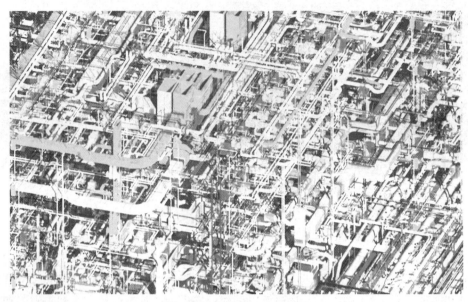

图 1.2.5　某机房 BIM 模型

4. 机电管线碰撞检查可视化

机电管线碰撞检查可视化即通过将各专业模型组装为一个整体 BIM 模型，从而使机电管线与建筑物的碰撞点以三维方式直观显示出来。在传统的施工方法中，对管线碰撞检查的方式主要有两种：一种是将不同专业的 CAD 图纸叠在一张图上进行观察，根据施工经验和空间想象力找出碰撞点并加以修改；另一种是在施工的过程中边做边修改。这两种方法均费时费力，效率很低。但在 BIM 模型中，可以提前在真实的三维空间中找出碰撞点，并由各专业人员在模型中调整好碰撞点或不合理处后再导出 CAD 图纸。某工程管线碰撞检查可视化如图 1.2.6 所示。

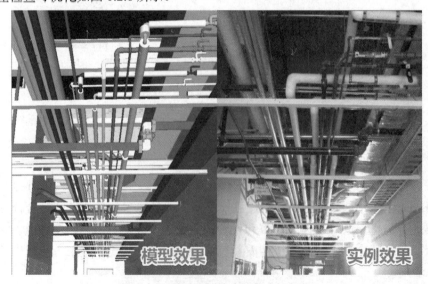

图 1.2.6　某工程管线碰撞检查可视化

1.2.2　一体化

一体化是指基于 BIM 技术可进行从设计到施工再到运营，贯穿工程项目的全生命周期的一体化管理。BIM 的技术核心是一个由计算机三维模型所形成的数据库，其不仅包含建筑师的设计信息，而且可以容纳从设计到建成使用，甚至是使用周期终结的全过程信息。BIM 可以持续提供项目设计范围、进度及成本信息，这些信息完整、可靠且完全协调。BIM 能够在综合数字环境中保持信息不断更新并可提供访问，使建筑师、工程师、施工人员及业主可以清楚全面地了解项目。这些信息在建筑设计、施工和管理的过程中能使项目质量得到提高，收益增加。BIM 的应用不局限于设计阶段，而是贯穿于整个项目全生命周期的各个阶段，如图 1.2.7 所示。BIM 在整个建筑行业从上游到下游的各个企业之间不断完善，从而实现项目全生命周期的信息化管理，最大化地实现 BIM 的意义。

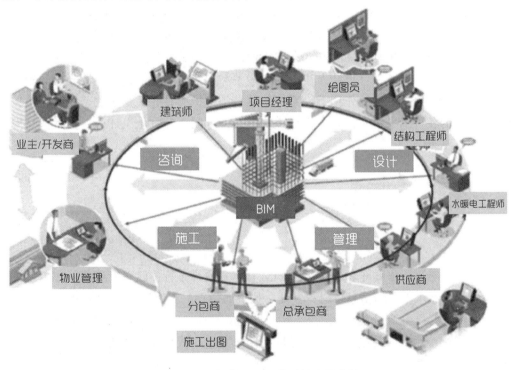

图 1.2.7　全过程 BIM 模型的应用阶段

在设计阶段，BIM 使建筑、结构、给水排水、空调、电气等各个专业基于同一个模型进行工作，从而使真正意义上的三维集成协同设计成为可能。将整个设计整合到一个共享的建筑信息模型中，结构与设备、设备与设备之间的冲突就会直观地显现出来，工程师可在三维模型中准确查看可能存在问题的地方，并及时进行调整，从而极大地避免了施工中的浪费。这在极大程度上促进了设计施工的一体化进程。

在施工阶段，BIM 可以同步提供有关建筑质量、进度及成本的信息。利用 BIM 可以实现整个施工周期的可视化模拟与可视化管理，帮助施工人员促进建筑的量化，迅速为业主制定展示场地使用情况或更新调整情况的规划，提高文档质量，改善施工规划。最终结果就是能将业主更多的施工资金投入建筑，而不是行政和管理中。

另外，BIM 还能在运营管理阶段提高收益和成本管理水平，为开发商销售、招商和业主购房提供了极大的便利。BIM 的这场信息革命，必将对于建筑业设计施工一体化各个环节产生深远的影响。

1.2.3 参数化

参数化建模是指通过参数（变量）而不是数字建立和分析模型，简单地改变模型中的参数值就能建立和分析新的模型。BIM 的参数化设计可分为参数化图元和参数化修改引擎两个部分。

（1）参数化图元指的是 BIM 中的图元是以构件的形式出现，这些构件之间的不同是通过参数的调整反映出来的，参数保存了图元作为数字化建筑构件的所有信息。

（2）参数化修改引擎指的是参数更改技术使用户对建筑设计或文档部分所做的任何改动都可以自动地在其他相关联的部分反映出来。

在参数化设计系统中，设计人员根据工程关系和几何关系来指定设计要求。参数化设计的本质是在可变参数的作用下，系统能够自动维护所有的不变参数。因此，参数化模型中建立的各种约束关系体现了设计人员的设计意图。参数化设计可以大大提高模型的生成和修改速度。

1.2.4 仿真性

1. 建筑物性能分析仿真

建筑物性能分析仿真即建筑师基于 BIM 技术在设计过程中赋予所创建的虚拟建筑模型大量建筑信息（如几何信息、材料性能、构件属性等），然后将 BIM 模型导入相关性能分析软件，就可得到相应分析结果。这一性能使原本 CAD 时代需要专业人士花费大量时间输入大量专业数据的过程，如今可自动轻松完成，从而大大降低了工作周期，提高了设计质量。

性能分析主要包括能耗分析、光照分析、设备分析、绿色分析等。

2. 施工仿真

（1）施工方案模拟优化。施工方案模拟优化指的是通过 BIM 可对项目重点及难点部分进行可建性模拟，按月、日、时进行施工安装方案的分析优化，验证复杂建筑体系（如施工模板、玻璃装配、锚固等）的可建造性，从而提高施工计划的可行性。对项目管理方而言，可直观了解整个施工安装环节的时间节点、安装工序及疑难点；对施工方而言，也可进一步对原有安装方案进行优化和改善，以提高施工效率和施工方案的安全性。

（2）工程量自动计算。BIM 模型作为一个富含工程信息的数据库，可真实地提供造价管理所需的工程量数据。基于这些数据信息，计算机可快速对各种构件进行统计分析，大大减少了烦琐的人工操作和潜在错误，实现了工程量信息与设计文件的统一。通过 BIM 所获得的准确的工程量统计可用于设计前期的成本估算、方案比选、成本比较，以及开工前预算和竣工后决算。

（3）消除现场施工过程干扰或施工工艺冲突。随着建筑物规模和使用功能复杂程度的增加，无论设计企业还是施工企业甚至是业主，对机电管线综合的要求越加强烈。通过利用 BIM 技术搭建各专业 BIM 模型，设计师能够在虚拟三维环境下快速发现并及时排除施工中可能遇到的碰撞冲突，从而减少由此产生的变更申请单，大大提高了施工现场作业效率，降低了因施工协调造成的成本增加和工期延误。

3. 施工进度模拟

施工进度模拟即通过将 BIM 与施工进度计划相链接，把空间信息与时间信息整合在一个可视的 4D 模型中，直观、精确地反映整个施工过程。当前建筑工程项目管理中常用的表示进度计划的甘特图，专业性强，但可视化程度低，无法清晰描述施工进度及各种复杂关系（尤其是动态变化过程）。而通过基于 BIM 技术的施工进度模拟，可直观、精确地反映整个施工过程，进而优化缩短工期、降低成本、提高质量。

4. 运维仿真

（1）设备的运行监控。设备的运行监控即采用 BIM 技术实现对建筑物设备的搜索、定位、信息查询等功能。在运维 BIM 模型中，对设备信息集成的前提下，运用计算机对 BIM 模型中的设备进行操作，可以快速查询设备的所有信息，如生产厂商、使用寿命期限、联系方式、运行维护情况及设备所在位置等。通过对设备运行周期的预警管理，可以有效地防止事故的发生，利用终端设备和二维码、RFID 技术，迅速对发生故障的设备进行检修。

（2）能源运行管理。能源运行管理即通过 BIM 模型对租户的能源使用情况进行监控与管理，赋予每个能源使用记录表以传感功能，在管理系统中及时做好信息的收集处理，通过能源管理系统对能源消耗情况自动进行统计分析，并且可以对异常使用情况进行警告。

（3）建筑空间管理。建筑空间管理即业主基于 BIM 技术通过三维可视化直观地查询、定位到每个租户的空间位置及租户的信息，如租户名称、建筑面积、租约区间、租金情况、物业管理情况；还可以实现租户的各种信息的提醒功能，同时根据租户信息的变化，实现对数据的及时调整和更新。

1.2.5 协调性

"协调"一直是建筑业工作中的重点内容，无论是施工单位还是业主及设计单位，都在做着协调及相互配合的工作。基于 BIM 进行工程管理，有助于工程各参与方进行组织协调工作。通过 BIM 建筑信息模型，可在建筑物建造前期对各专业的碰撞问题进行协调，生成并提供协调数据。

1. 设计协调

设计协调指的是通过 BIM 三维可视化控件及程序自动检测，可对建筑物内机电管线和设备进行直观布置模拟安装，检查是否碰撞，找出问题所在及冲突矛盾之处，还可调整楼层净高、墙柱尺寸等。从而有效解决传统方法容易造成的设计缺陷，提升设计质量，减少后期修改，降低成本及风险。

2. 整体进度规划协调

整体进度规划协调指的是基于 BIM 技术对施工进度进行模拟，同时，根据专业的经验和知识进行调整，极大地缩短施工前期的技术准备时间，并帮助各类各级人员获得对设计意图和施工方案更高层次的理解。以前施工进度通常是由技术人员或管理层敲定的，容易出现下级人员信息断层的情况。如今，BIM 技术的应用使施工方案更高效、更完美。

3. 成本预算、工程量估算协调

成本预算、工程量估算协调指的是应用 BIM 技术可以为造价工程师提供各设计阶段准确的工程量、设计参数和工程参数，这些工程量和参数与技术经济指标结合，可以计算出准确的估算、概算，再运用价值工程和限额设计等手段对设计成果进行优化。同时，基于 BIM 技术生成的工程量不是简单的长度和面积的统计，专业的 BIM 造价软件可以进行精确的 3D 布尔运算和实体减扣，从而获得更符合实际的工程量数据，并且可以自动形成电子文档进行交换、共享、远程传递和永久存档。应用 BIM 技术获得的数据，其准确率和速度都较传统统计方法有很大的提高，有效降低了造价工程师的工作强度，提高了工作效率。

4. 运维协调

BIM 系统包含了多方信息，如厂家价格信息、竣工模型、维护信息、施工阶段安装深化图等，BIM 系统能够把成堆的图纸、报价单、采购单、工期图等统筹在一起，呈现出直观、实用的数据信息，可以基于这些信息进行运维协调。

运维管理主要体现在以下几个方面：

（1）空间协调管理。空间协调管理主要应用在照明、消防等各系统和设备空间定位。业主应用 BIM 技术可获取各系统和设备的空间位置信息，将原来的编号或文字表示变成三维图形位置，直观、形象且方便查找，如通过 RFID 获取大楼的安保人员位置。BIM 技术还可应用于内部空间设施可视化，利用 BIM 建立一个可视化三维模型，所有数据和信息可以从模型获取调用，如装修时，可快速获取不能拆除的管线、承重墙等建筑构件的相关属性。

（2）设施协调管理。设施协调管理主要体现在设施的装修、空间规划和维护操作上。BIM 技术能够提供关于建筑项目的协调一致的、可计算的信息，该信息可用于共享及重复使用，从而可降低业主和运营商由于缺乏互操作性而导致的成本损失。另外，基于 BIM 技术还可对重要设备进行远程控制，把原来商业地产中独立运行的各设备通过 RFID 等技术汇总到统一的平台上进行管理和控制。通过远程控制，可充分了解设备的运行状况，为业主更好地进行运维管理提供良好条件。

（3）隐蔽工程协调管理。基于 BIM 技术的运维可以管理复杂的地下管网，如污水管、排水管、网线、电线及相关管井，并且可以在模型中直接获得相对位置关系。当改建或二次装修时可以避开现有管网位置，便于管网维修、更换设备和定位。内部相关人员可以共享这些电子信息，有变化可随时调整，以保证信息的完整性和准确性。

（4）应急管理协调。通过 BIM 技术的运维管理对突发事件管理包括预防、警报和处理。以消防事件为例，该管理系统可以通过喷淋感应器感应信息，如果发生着火事故，在商业广场的 BIM 信息模型界面中，就会自动触发火警警报；对着火区域的三维位置和房间立即进行定位显示；控制中心可以及时查询相应的周围环境和设备情况，为及时疏散人群和处理灾情提供重要信息。

（5）节能减排管理协调。通过 BIM 结合物联网技术的应用，使日常能源管理监控变得更加方便。通过安装具有传感功能的电表、水表、煤气表可以实现建筑能耗数据的实时采集、传输、初步分析、定时定点上传等基本功能，并具有较强的扩展性。BIM 系统还可以实现室内温度、湿度的远程监测，分析房间内的实时温度、湿度变化，配合节能运行管理。在管理系统中可以及时收集所有能源信息，并且通过开发的能源管理功能模块，对能源消耗情况进行自动统计分析，如各区域、各户的每日用电量、每周用电量等，并对异常能源使用情况进行警告或者标识。

1.2.6 优化性

整个设计、施工、运营的过程其实就是一个不断优化的过程，没有准确的信息是做不出合理优化结果的。BIM 模型不仅提供了建筑物存在的实际信息，包括几何信息、物理信息、规则信息，还提供了建筑物变化以后的实际信息。BIM 及与其配套的各种优化工具提供了对复杂项目进行优化的可能：将项目设计和投资回报分析结合起来，计算出设计变化对投资回报的影响，使业主了解哪种项目设计方案更有利于自身的需求，对设计施工方案进行优化，可以带来显著的工期和造价改进。

1.2.7 可出图性

运用 BIM 技术，除能够进行建筑平、立、剖及详图的输出外，还可以输出碰撞报告及构件加工图等。

1. 碰撞报告

通过将建筑、结构、电气、给水排水、暖通等专业的 BIM 模型整合后，进行管线碰撞检测，可以输出综合管线图（经过碰撞检查和设计修改，消除了相应错误以后）、综合结构留洞图（预埋套管图）、碰撞检查报告和建议改进方案。

（1）建筑与结构专业的碰撞。建筑与结构专业的碰撞主要包括建筑与结构图纸中的标高、柱、剪力墙等的位置是否一致等。如图 1.2.8 所示，利用 BIM 模型检测出的结构梁与门的碰撞，在传统的 2D 平面图纸里很难发现此类问题。

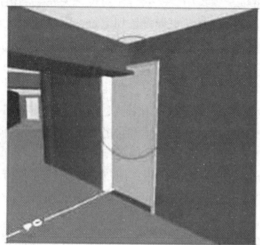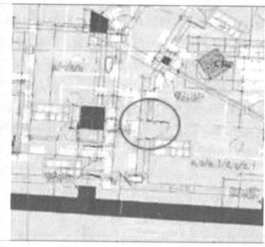

图 1.2.8　梁与门碰撞图

（2）设备内部各专业碰撞。设备内部各专业碰撞内容主要是检测各专业与管线的冲突情况。风管桥架的碰撞如图 1.2.9 所示。

（3）建筑、结构专业与设备专业碰撞。建筑专业与设备专业的碰撞，如设备与室内装修碰撞、管道与梁柱冲突等。

（4）解决管线空间布局的问题。基于 BIM 模型可调整解决管线空间布局的问题，如机房过道狭小、各管线交叉等问题。设备管道优化如图 1.2.10 所示。

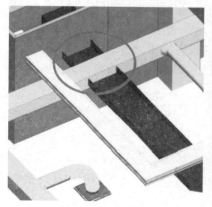

图 1.2.9　风管桥架碰撞图　　　　　　图 1.2.10　设备管道优化

2. 构件加工指导

（1）出构件加工图。通过 BIM 模型对建筑构件的信息化表达，可在 BIM 模型上直接生成构件加工图，不仅能清楚地传达传统图纸的二维关系，而且对于复杂的空间剖面关系也可以清楚表达，同时还能够将离散的二维图纸信息集中到一个模型当中，这样的模型能够更加紧密地实现与预制工厂的协同和对接。

（2）构件生产指导。在生产加工过程中，BIM 信息化技术可以直观地表达出构件的空间关系和各种参数情况，其不仅能自动生成构件下料单、派工单、模具规格参数等生产表单，而且能通过可视化的直观表达帮助工人更好地理解设计意图，可以形成 BIM 生产模拟动画、流程图、说明图等辅助培训的材料，有助于提高工人生产的准确性和效率。

（3）实现预制构件的数字化制造。借助工厂化、机械化的生产方式，采用集中、大型的生产设备，将 BIM 信息数据输入设备，就可以实现机械的自动化生产。这种数字化制造的方式可以大大提高工作效率和生产质量。例如，现在已经实现了钢筋网片的商品化生产，符合设计要求的钢筋在工厂自动下料、自动成形、自动焊接（绑扎），形成标准化的钢筋网片。

1.2.8 信息完备性

信息完备性体现在 BIM 技术可对工程对象进行 3D 几何信息和拓扑关系的描述，以及完整的工程信息描述，如对象名称、结构类型、建筑材料、工程性能等设计信息；施工工序、进度、成本、质量及人力、机械、材料资源等施工信息；工程安全性能、材料耐久性能等维护信息；对象之间的工程逻辑关系等。

【学习测验】

1. 下列选项中关于 BIM 一体化的说法不正确的是（　　）。

    A. BIM 一体化可用于对项目重点及难点部分进行施工模拟

    B. BIM 一体化可进行从设计到施工再到运营的一体化管理

    C. 在设计阶段，BIM 可以结合各专业基于同一个模型进行工作，使三维继承协同设计成为可能

    D. BIM 技术的核心是一个由计算机三维模型所形成的数据库，其中包含从设计到建成应用的全过程一体化信息

2. 下列选项中关于 BIM 参数化的说法不正确的是（　　）。

    A. BIM 的参数化设计分为参数化图元和参数化修改引擎两个部分

    B. 参数化模型中建立的各种约束关系体现了设计人员的设计意图

    C. 参数化建模是通过数字建立和分析模型

    D. 参数化设计可以大大提高模型的生成和修改速度

3. 下列定义不正确的是（　　）。

    A. 参数化建模指的是通过变量建立和分析模型

  B. 参数化设计的本质是在可变参数的前提下，系统能够自动修改所有不满足约束条件的构件参数

  C. 参数化修改引擎指的是通过对任何参数的修改都可以自动地在其他相关联的部分反映出来

  D. 参数化图元指的是 BIM 中的图元以构件形式出现，构件的参数保存了图元的所有信息

4. 下列选项中，不属于 BIM 建筑物性能仿真分析主要功能的是（ ）。

  A. 成本分析 B. 光照分析 C. 设备分析 D. 绿色分析

5. 施工进度将空间信息与（ ）整合在一个可视的 4D 模型中，直观、精确地反映整个施工过程。

  A. 设计信息 B. 位置信息 C. 模型信息 D. 时间信息

6.【多选】下列对于参数化设计的描述正确的是（ ）。

  A. 建筑信息模型也是一种参数化设计

  B. 修改个别参数，与之关联的构件会自动完成信息更新操作

  C. 参数化图元和参数化修改引擎是参数化设计的两个部分

  D. 参数化设计中的变量越多越好

7. BIM 的（ ）功能是 BIM 最重要的特征。

  A. 协同合作 B. 三维可视化 C. 碰撞检查 D. 深化设计

1.3   BIM 的起源和发展

1.3.1 BIM 的起源

  BIM 作为对包括工程建设行业在内的多个行业的工作流程、工作方法的一次重大思索和变革，其雏形最早可追溯到 20 世纪 70 年代。

  1975 年，"BIM 之父"美国佐治亚理工大学的查克·伊士曼教授（Chuck Eastman），受到 1973 年全球石油危机影响美国全行业考虑提高行业效益问题的社会背景启蒙，提出了"Building Description System"（建筑描述系统），并致力于实现建筑工程的可视化和量化分析，提高工程建设效率。

  1986 年，现任职于欧特克公司（Autodesk）的罗伯特·艾什（Robert Aish）在其发表的一篇论文中，第一次使用"Building Information Modeling"一词，他在这篇论文描述了今天为人们所熟知的 BIM 论点和实施的相关技术，并在该论文中应用 RUGAPS 建筑模型系统分析了一个案例来表达了他的概念。

1999 年，查克·伊士曼教授将"建筑描述系统"发展为"建筑产品模型"（Building Product Model），认为建筑产品模型在从概念、设计施工到拆除的建筑全生命周期过程中，均可提供建筑产品丰富、整合的信息。

2002 年，欧特克公司（Autodesk）收购三维建模软件公司 Revit Technology，首次将 BIM（Building Information Modeling）的首字母连起来使用，成了今天众所周知的"BIM"。

21 世纪前，对 BIM 的研究由于受到计算机硬件与软件水平的限制，BIM 仅能作为学术研究的对象，很难在工程实际应用中发挥作用。21 世纪以后，计算机软、硬件水平的迅速发展，以及人们对建筑生命周期的深入理解，推动了 BIM 技术的不断前进。直到 2002 年，BIM 这一方法和理念被提出并推广之后，BIM 技术变革风潮便在全球范围内席卷开来。

1.3.2　BIM 在国内的发展概况

当前，国内建筑业正处在由高速度增长向高质量发展的转折时期，BIM 技术以其巨大的价值导向力，正在逐渐改变建筑行业的未来。以 BIM 技术为代表的新一代信息技术融合了工程建设的新技术、新工艺、新材料、新设备的应用，正深度重塑建筑产业新生态，推动建筑业数字化转型。

以"规范标准"指导实践，助推协作创新，培养规范意识

1. 国内 BIM 发展规划

国内 BIM 相关政策文件见表 1.3.1。

表 1.3.1　国内 BIM 相关政策文件

发布时间	政策文件	政策要点
2011 年	《2011—2015 年建筑业信息化发展纲要》（建质〔2011〕67 号）	"十二五"期间，基本实现建筑企业信息系统的普及应用，加快建筑信息模型（BIM）、基于网络的协同工作等新技术在工程中的应用，推动信息化标准建设，促进具有自主知识产权软件的产业化，形成一批信息技术应用达到国际先进水平的建筑企业
2014 年	《住房城乡建设部关于推进建筑业发展和改革的若干意见》（建市〔2014〕92 号）	提升建筑业技术能力。推进建筑信息模型（BIM）等信息技术在工程设计、施工和运行维护全过程的应用，提高综合效益。探索开展白图替代蓝图、数字化审图等工作
2015 年	《关于推进建筑信息模型应用的指导意见》（建质函〔2015〕159 号）	提出了 BIM 应用发展目标、基本原则、重点工作和保障措施。以工程建设法律法规、技术标准为依据，坚持科技进步和管理创新相结合，在建筑领域普及和深化 BIM 技术应用，提高工程项目全生命周期各参与方的工作质量和效率，保障工程建设优质、安全、环保、节能

续表

发布时间	政策文件	政策要点
2016 年	《2016—2020 年建筑业信息化发展纲要》（建质函〔2016〕183 号）	"十三五"时期，全面提高建筑业信息化水平，着力增强 BIM、大数据、智能化、移动通信、云计算、物联网等信息技术集成应用能力，建筑业数字化、网络化、智能化取得突破性进展，初步建成一体化行业监管和服务平台，数据资源利用水平和信息服务能力明显提升，形成一批具有较强信息技术创新能力和信息化应用达到国际先进水平的建筑企业及具有关键自主知识产权的建筑业信息技术企业
2017 年	《国务院办公厅关于促进建筑业持续健康发展的意见》（国办发〔2017〕19 号）	加快推进建筑信息模型（BIM）技术在规划、勘察、设计、施工和运营维护全过程的集成应用，实现工程建设项目全生命周期数据共享和信息化管理，为项目方案优化和科学决策提供依据，促进建筑业提质增效
2017 年	《建筑业 10 项新技术（2017 版）》（建质函〔2017〕268 号）	国家和地方加大 BIM 政策与标准落地，《建筑业 10 项新技术（2017 版）》将 BIM 列为信息技术之首
2018 年	《城市轨道交通工程 BIM 应用指南》（建办质函〔2018〕274 号）	城市轨道交通应结合实际制定 BIM 技术发展规划，建立全生命周期 BIM 技术标准与管理体系，开展示范应用，逐步普及与推广，推动各参建方共享多维 BIM 技术信息、实施工程管理
2018 年	《住房城乡建设部关于促进工程监理行业转型升级创新发展的意见》（建市〔2017〕145 号）	推进 BIM 技术在工程监理服务中的应用，不断提高工程建立信息化水平。推动监理服务方式与国际工程管理模式接轨，积极参与"一带一路"项目建设，主动"走出去"参与国际市场竞争
2019 年	《关于完善质量保障体系提升建筑工程品质的指导意见》（国办函〔2019〕92 号）	推进建筑信息模型（BIM）、大数据、移动互联网、云计算、物联网、人工智能等技术在设计、施工、运营维护全过程的集成应用，推广工程建设数字化成果交付与应用，提升建筑业信息化水平（科技部、工业和信息化部、住房城乡建设部负责）
2020 年	《全国智能建筑及居住区数字化标准化技术委员会文件》（建智标 / 函〔2020〕22 号）	全国智能建筑及居住区数字化标准化技术委员会（SAC/TC426）（简称"全国智标委"）作为住房城乡建设领域信息化国家标准归口单位，会同相关单位组织编制并发布了《工程项目建筑信息模型（BIM）应用成熟度评价导则》《企业建筑信息模型（BIM）实施能力成熟度评价导则》
2020 年	《住房和城乡建设部等部门关于推动智能建造与建筑工业化协同发展的指导意见》（建市〔2020〕60 号）	在建造全过程加大 BIM 技术、互联网、物联网、大数据、人工智能等新技术的集成与创新应用；积极应用 BIM 技术，加快构建数字设计基础平台和集成系统，实现设计、工艺、制造协同；通过融合遥感信息、城市多维地理信息、建筑及地上地下设施的 BIM 技术等多源信息，探索建立表达和管理城市三维空间全要素的城市信息模型（CIM）基础平台

续表

发布时间	政策文件	政策要点
2020 年	《住房和城乡建设部办公厅关于开展绿色建造试点工作的函》（建办质函〔2020〕677 号）	绿色建造是采用绿色化、工业化、信息化、集约化和产业化的新型建造方式，提供优质生态的建筑产品，满足人民美好生活需要的工程建造活动。推动信息技术集成应用。试点地区应大力推动 BIM 技术在试点项目设计、生产、施工阶段的集成应用，以 5G、物联网、区块链、人工智能等技术为支撑，推动智慧工地建设和建筑机器人等智能装备设备应用，实现工程质量可追溯，提高工程质量和管理效率，提升建造信息化水平
2020 年	《住房和城乡建设部等部门关于加快培育新时代建筑产业工人队伍的指导意见》（建市〔2020〕105 号）	完善职业技能培训体系。探索开展智能建造相关培训，加大对装配式建筑、建筑信息模型（BIM）等新兴职业（工种）建筑产业工人培养，增加高技能人才供给
2020 年	《关于开展城市信息模型（CIM）基础平台建设的指导意见》（建科〔2020〕59 号）	提出了 CIM 基础平台建设的基本原则、主要目标等，要求"全面推进城市 CIM 基础平台建设和 CIM 基础平台在城市规划建设管理领域的广泛应用，带动自主可控技术应用和相关产业发展，提升城市精细化、智慧化管理水平。构建国家、省、市三级 CIM 基础平台体系，逐步实现城市级 CIM 基础平台与国家级、省级 CIM 基础平台的互联互通"
2021 年	住房和城乡建设部办公厅关于印发《城市信息模型（CIM）基础平台技术导则》（修订版）的通知（建办科〔2021〕21 号）	提出了 CIM 基础平台建设在平台构成、功能、数据、运维等方面的技术要求，明确了 CIM 基础平台的基本要求，回答了"什么是 CIM 基础平台"这一基础问题，为各地开展 CIM 基础平台建设提供了简明有效的技术参考

2. 国内 BIM 技术标准与指南

国家及行业发布的 BIM 技术相关标准及指南见表 1.3.2。

表 1.3.2　国内 BIM 技术相关标准及指南

发布时间	发布机构	名称	简介
2016 年	住房和城乡建设部	《建筑信息模型应用统一标准》（GB/T 51212—2016）	本标准适用于建筑工程全寿命期内建筑信息模型的建立、应用和管理
2017 年	住房和城乡建设部	《建筑信息模型分类和编码标准》（GB/T 51269—2017）	包含了从项目构思、可行性研究、项目计划、设计、施工、运行乃至拆除各个阶段的信息分类与编码。在统一的构架之下描述和组织这些信息，为业主及有关各方提供全面的信息

续表

发布时间	发布机构	名称	简介
2017 年	住房和城乡建设部	《建筑信息模型施工应用标准》（GB/T 51235—2017）	建筑工程施工领域的 BIM 技术应用标准，从深化设计、施工模拟、预制加工、进度管理、预算与成本管理、质量与安全管理、施工监理、竣工验收等方面提出了建筑信息模型的创建、使用和管理要求
2018 年	住房和城乡建设部	《建筑工程设计信息模型制图标准》（JGJ/T 448—2018）	统一建筑信息模型的表达，保证表达质量，提高信息传递效率，协调工程项目各参与方识别设计信息的方式
2018 年	住房和城乡建设部	《建筑信息模型设计交付标准》（GB/T 51301—2018）	为规范建筑信息模型设计交付，提高建筑信息模型的应用水平，制定本标准。本标准适用于建筑工程设计中应用建筑信息模型建立和交付设计信息，以及各参与方之间和参与方内部信息传递的过程
2018 年	住房和城乡建设部	《城市轨道交通工程 BIM 应用指南》（建办质函〔2018〕274 号）	为贯彻执行国家技术经济政策，引导城市轨道交通工程建筑信息模型（以下简称 BIM）应用及数字化交付，提高信息应用效率，提升城市轨道交通工程建设信息化水平，制定本指南。本指南适用于城市轨道交通工程新建、改建、扩建等项目的 BIM 创建、使用和管理
2019 年	住房和城乡建设部	《制造工业工程设计信息模型应用标准》（GB/T 51362—2019）	统一制造工业工程设计信息模型应用的技术要求，统筹管理工程规划、设计、施工与运维信息，建设数字化工厂，提升制造业工程的技术水平
2021 年	住房和城乡建设部	《建筑信息模型存储标准》（GB/T 51447—2021）	为规范建筑信息模型数据在建筑全生命期各阶段的存储，保证建筑信息模型应用效率，制定本标准
2020 年	全国智能建筑及居住区数字化标准化技术委员会（SAC/TC426）	《工程项目建筑信息模型（BIM）应用成熟度评估导则》《企业建筑信息模型（BIM）实施能力成熟度评估导则》	两部导则结合 BIM 技术在工程项目管理及企业应用的现状，建立了工程项目管理及企业应用 BIM 实施能力成熟度评价体系，有效规范 BIM 技术在工程项目管理及企业应用，对于工程项目管理及企业应用 BIM 实施能力成熟度评价具有实用价值
2016 年	中国建筑装饰协会	《建筑装饰装修工程 BIM 实施标准》（T/CBDA 3—2016）	根据《关于首批中装协标准立项的批复》的要求，本标准为我国建筑装饰行业工程建设的团体标准

3. 国内 BIM 职业技能等级证书

（1）职业技能等级证书监督管理办法。2019 年 4 月人力资源社会保障部和教育部联合印发《职业技能等级证书监督管理办法（试行）》（人社部发〔2019〕34 号），办法规定摘录如下：

一、动员、指导、扶持社会力量积极参与职业教育、职业培训工作。人力资源社会保障部建立完善、发掘、推荐国家职业标准，构建新时代国家职业标准制度体系。通过组织起草标准、借鉴国际先进标准、推介国内优秀企业标准等充实国家职业标准体系，逐步扩大对市场职业类别总量的覆盖面。教育部依据国家职业标准，牵头组织开发教学等相关标准。培训评价组织按有关规定开发职业技能等级标准。

二、职业技能等级证书按照"三同两别"原则管理，即"三同"是：院校外、院校内试点培训评价组织（含社会第三方机构，下同）对接同一职业标准和教学标准；两部门目录内职业技能等级证书具有同等效力和待遇；在学习成果认定、积累和转换等方面具有同一效能。"两别"是：人力资源社会保障部、教育部分别负责管理监督考核院校外、院校内职业技能等级证书的实施（技工院校内由人力资源社会保障行政部门负责）；职业技能等级证书由参与试点的培训评价组织分别自行印发。

三、人力资源社会保障部、教育部分别依托有关方面，组织开展培训评价组织的招募和遴选工作，入围的培训评价组织实行目录管理。培训评价组织遴选及证书实施情况向国务院职业教育工作部际联席会议报告。两部门严格末端监督执法，定期进行"双随机、一公开"的抽查和监督。

（2）国家职业标准。信息化如同催化剂，使传统职业的活动内容发生变革，从而衍生出新职业。2019 年 4 月 1 日，人力资源社会保障部、市场监管总局、统计局正式向社会发布了建筑信息模型技术员等 13 个新职业信息。

2021 年 6 月，人力资源社会保障部组织开发了《建筑信息模型技术员国家职业技能标准（征求意见稿）》，并向社会公开征求意见。

（3）职业教育培训评价组织及职业技能等级证书。2018 年 9 月，教育部职业技术教育中心研究所受教育部职业教育与成人教育司委托，发布了《关于招募职业技能培训组织的公告》（教职所〔2018〕144 号），确定了首批参与"1+X"证书制度试点工作的 5 家职业教育培训评价组织及其开发的职业技能等级证书和标准，见表 1.3.3。

表 1.3.3　首批职业教育培训评价组织及职业技能等级证书名单

证书名称	培训评价组织名称	职业技能等级标准	证书分类（级）
建筑信息模型（BIM）职业技能等级证书	廊坊市中科建筑产业化创新研究中心（中国建设教育协会人才评价中心）	建筑信息模型（BIM）职业技能等级标准	初级（BIM 建模） 中级（BIM 专业应用） 高级（BIM 综合应用与管理）

中国图学学会也有发起并每年组织"全国 BIM 技能等级考试"以及相关考评工作。2019 年 8 月，中国图学学会发布了《建筑信息模型（BIM）技能等级标准》。2020 年 10 月，

中国图学学会发布公告称：为了响应国家 2019 年年底提出的"深化'放管服'改革，将技能人员水平评价由政府认定改为实行社会化等级认定"的号召，解决我国技能人才，特别是高技能人才十分紧缺的问题，学会将进一步优化和完善"全国 CAD 技能等级考试"和"全国 BIM 技能等级考试"的相关规章制度，以更加贴近产业用人的技能等级评价体系，为广大考生提供更加优质的考评环境，为社会培养并输送更多的高技能人才。

另外，Autodesk 授权培训中心也组织 Revit 工程师认证考试。Revit 是 Autodesk 公司一套系列软件的名称。Revit 系列软件是为建筑信息模型（BIM）构建的，可帮助建筑设计师设计、建造和维护质量更好、能效更高的建筑。

4. 国内 BIM 重要竞赛

（1）全国性行业 BIM 大赛见表 1.3.4。

表 1.3.4　全国性行业 BIM 大赛

竞赛名称	主办单位	奖项分类
"创新杯"建筑信息模型（BIM）应用设计大赛	中国勘察设计协会、欧特克软件（中国）有限公司	分建筑类、基础设施类和综合类，分类设置一、二、三等奖，每年一届，2021 年为第十二届
"龙图杯"全国 BIM（建筑信息模型）大赛	中国图学学会	分设计组、施工组、院校组和综合组，分组设置一、二、三等奖和优秀奖，每年一届，2021 年为第十届
建设工程 BIM 大赛	中国建筑业协会	分 BIM 技术综合应用赛和 BIM 技术单项应用赛，分别设置一、二、三类成果奖，对获奖单位和个人颁发荣誉证书。每年一届，2021 年为第六届
"优路杯"全国 BIM 技术大赛	工业和信息化部人才交流中心	分企业实际项目赛和院校设想项目赛。分别设置金、银、铜奖和优秀奖。每年一届，2021 年为第四届
"联盟杯"铁路工程 BIM 应用大赛	铁路 BIM 联盟、中国铁道工程建设协会	分铁路工程项目 BIM 应用、综合工程项目 BIM 应用和 BIM 应用软件三个大类。2021 年为第三届
"市政杯"BIM 应用技能大赛	中国市政工程协会	分单项 BIM 技术应用组和综合 BIM 技术应用组，分组设置一、二、三等奖和优秀奖。两年一届，2021 年为第二届
安装行业 BIM 技术应用成果评价活动	中国安装协会 BIM 应用与智慧建造分会	分民用建设机电安装工程 BIM 技术应用、钢结构工程 BIM 技术应用和工业安装工程 BIM 技术应用三个类别。申报成果按应用水平高低分为国内领先、国内先进、行业领先和行业先进，每年一届

（2）高校范围 BIM 大赛见表 1.3.5。

表 1.3.5　高效范围 BIM 大赛

竞赛名称	主办单位	奖项分类
全国职业技能大赛	人力资源和社会保障部	经国务院批准，人力资源和社会保障部从 2020 年起举办全国职业技能大赛。首届大赛以"新时代、新技能、新梦想"为主题，设 86 个比赛项目，共 2 500 多名选手，2 300 多名裁判人员参赛，是新中国成立以来规格最高、项目最多、规模最大、水平最高的综合性国家职业技能赛事。 在 86 个比赛项目中，包括 63 个世赛选拔项目和 23 个国赛精选项目。其中的"建筑信息建模"赛项，属于世赛选拔项目，分为 CDE 环境模拟、建筑建模、结构建模、模型融合、模型矫正和模型可视化共六个模块。分别设置金、银、铜牌和优胜奖。每两年一届，2020 年为第一届
全国职业院校技能大赛	教育部	比赛分为中职组和高职组；比赛项目涵盖 102 个赛项。其中，中职组 10 个专业大类，40 个赛项；高职组 15 个专业大类，62 个赛项。每年一届，2021 年为第十四届
全国高校 BIM 毕业设计创新大赛	中国软件行业协会 / 广联达科技股份有限公司	分为 BIM 土建建模应用、机电 BIM 建模及综合应用、BIM 数字造价管理、BIM 招投标应用、BIM 建设工程管理应用、装配式（深化）设计与施工建造应用、智能建造与管理创新、BIM 装饰设计创新应用共 8 个模块。大赛分为三个阶段，第一阶段：校内竞赛；第二阶段：全国网络竞赛；第三阶段：获得全国网络竞赛一等奖的团队入围全国线下总决赛，角逐特等奖。各模块均单独评奖，分别设置特等奖、一等奖 10%、二等奖 20%、三等奖 30%、优秀奖。每年一届，2020 年为第七届
全国高等院校"斯维尔杯"BIM–CIM 创新大赛	中国建设教育协会 / 深圳市斯维尔科技股份有限公司	分为 BIM 建模和 BIM、CIM 技术应用两个赛项，含规划设计应用、绿色建筑分析应用、工程造价应用、工程管理应用、综合应用五个专项。分别设置一、二、三等奖和优秀奖。每年一届，2020 年为第十二届
"鲁班杯"全国高校 BIM 毕业设计作品大赛	中国建设教育协会 / 上海鲁班股份有限公司	分为 BIM 建模和 BIM 应用两大赛项，共七个模块。分别设置一、二、三等奖和优秀奖。每年一届，2020 年为第七届
"品茗杯"全国高校 BIM 应用毕业设计大赛	中国建设教育协会 / 杭州品茗安控信息技术股份有限公司	分为本科组和中高职组，均采用二级赛制：晋级赛和全国总决赛。本科组四个赛项：BIM 数字模拟、BIM 设计优化和深化、BIM 全过程造价、BIM 施工方案设计；中高职组五个赛项：BIM 建模与深化、BIM 计量与计价、BIM 施工组织设计、BIM 专项方案设计、BIM 工程项目管理。2020 年为第二届

1.3.3 BIM 在国外的发展概况

1. 国外 BIM 发展规划

近十年来，在建筑业快速发展背景下，各国 BIM 技术应用在政府引导下逐步推进，美国、英国、新加坡、澳大利亚等国家陆续出台的 BIM 技术发展规划为 BIM 技术应用发展指明了方向和阶段目标，见表 1.3.6。

表 1.3.6　国外主要国家 BIM 技术发展规划

国家	机构	发展规划和重点内容
新加坡	建筑管理署（BCA）	2015 年实现超过 5 000 m² 的新建建筑均采用 BIM 技术提交所有专业的图纸给政府审查。设计机构提交建设局的设计模型必须采用能够兼容政府审图系统的通用格式，材料可同时供相关部门，如房屋发展局、土地管理局、建设局、交通局、能源部门登录 Corenet 平台并联审批。 2017 年 10 月提出集成数字交付（IDD）战略，鼓励更多的建筑环境行业公司实现数字化。 2018 年新加坡国家研究基金会（NRF）等部门提出虚拟新加坡项目，建立城市 3D 管理模型和平台
英国	内阁办公室	2011 年 5 月，内阁办公室发布了"政府建设战略（Government Construction Strategy）"，要求到 2016 年，政府明确要求前企业实现 3D-BIM 的全面协同，并将全部的文件以信息化管理。2019 年 10 月英国 BIM 联盟、英国数字建筑中心和英国标准协会共同启动了英国 BIM 框架，进一步规划全产业链信息化管理标准
英国	英国财政部（HMTreasury）	响应国家基础设施委员会（NIC）2017 年的"公共产品数据报告"，英国财政部 2018 年 7 月启动的国家数字孪生计划（NDTP）。计划未来十年结合 BIM 技术，开发信息管理框架，利用高质量、安全的数据可以改善建筑基础架构的构建和管理
英国	国家住房联合会（NHF）	2020 年全国住房联合会和英国 BIM 技术联盟的成员正开发一套示例性的文件和指南，以支持住房协会实施数字资产管理。生成一套 BIM 技术文档供住房协会发展使用，其中包括建设全周期参与人员及建造方案等信息
美国	美国总务署（GSA）	2003 年开始 GSA 下属公共建筑服务部门的首席设计师办公室（OCA）推出了全国 3D-4D-BIM 计划。从 2007 年起，GSA 要求所有大型项目（招标级别）都需要应用 BIM 技术，鼓励采用 3D-4D-BIM 技术，且给予不同程度的资金支持

国家	机构	发展规划和重点内容
美国	美国陆军工程兵团（USACE）	2006 年 10 月，USACE 发布了 15 年的 BIM 技术发展路线规划（Building Information Modeling：A Road Map for Implementation to Support MILCON Transformation and Civil Works Projects with in the U.S.Army Corps of Engineers），为 USACE 采用和实施 BIM 技术制定战略规划，以提升规划、设计及施工质量与效率。USACE 规划所有军事建筑项目都将使用 BIM 技术
澳大利亚	澳大利亚基础设施建设局	2016 年 2 月发布《澳大利亚基础设施规划》，规划未来 15 年基础设施发展计划，提出对于政府出资建设的大型基础设施必须强制使用 BIM 技术
澳大利亚	澳大利亚采购和建设委员会（APCC）	为支持《澳大利亚基础设施规划》落地，澳大利亚政府委托 APCC 与行业合作，围绕 BIM 技术实施工作拟定合理的指导意见，制定 BIM 技术实施过程中所涉及的通用标准和技术条款
澳大利亚	澳大利亚 buildingSMART	2012 年 6 月受澳大利亚工业、创新、科学、研究和高等教育部委托发布了一份"国家 BIM 行动方案"（National Building Information Modeling Initiative），自 2016 年 7 月 1 日起，所有澳大利亚政府的建筑采购要求使用基于开放标准的全三维协同 BIM 技术进行信息交换

2. 国外 BIM 技术标准与指南

国际标准化组织 ISO 及各国政府近年制定 BIM 技术标准和指南见表 1.3.7。

表 1.3.7　国外 BIM 技术标准和指南

国家	名称	简介	发布时间	发布机构
—	ISO 19650 系列	ISO 19650 是在英国 PAS 1192 标准基础上开发的一系列国际 BIM 技术标准，提出通过基于 BIM 技术的协同工作来实现建筑资产全生命周期的信息管理，由 ISO/TC59/SC13 技术委员会负责制定及维护	2018 年起持续制定及发布中	国际标准化组织（ISO）
—	ISO 19650-1	提出应用 BIM 技术进行建筑资产全生命周期信息管理的概念及原则，包括信息交换、信息记录、信息版本及组织规划等	2018 年	国际标准化组织（ISO）
—	ISO 19650-2	提出基于 BIM 技术的建筑资产交付阶段信息管理要求，并于附录中提供各相关方信息管理责任分配矩阵模板	2018 年	国际标准化组织（ISO）

续表

国家	名称	简介	发布时间	发布机构
—	ISO 19650-3	提出基于 BIM 技术的建筑资产运营阶段信息管理要求。提供运营阶段信息管理流程，并提供适当的运营阶段各方协作环境	2020 年	国际标准化组织（ISO）
—	ISO 19650-5	提出基于 BIM 技术的建筑资产相关敏感信息的安全管理要求。降低敏感信息丢失、误用或修改的风险，提高建筑信息的安全性和安保恢复能力	2020 年	国际标准化组织（ISO）
英国	ISO 19650 标准指南	指南包括两部分：第一部分为 ISO 19650 系列中与信息管理的相关概述；第二部分为项目交付过程中包括数据环境、信息需求、执行计划、信息管理等内容	2019 年	英国标准协会（BSI）
英国	BS EN ISO 23387：2020《建筑对象数据模板》	标准规定了建筑工程中使用产品的数据模板，包括产品数据模板概念、原理和一般结构。通过定义的概念文件，以 IFC 类数据共享格式制定对象信息框架	2020 年	英国标准协会（BSI）
英国	BS EN ISO 22057（征求意见稿）	为推进建筑的可持续性发展，标准中制定在 BIM 技术中将 EPD 应用于建筑产品的数据模板	2021 年	英国标准协会（BSI）
英国	PAS 1192 系列《建筑工程信息协同工作规范》	英国国家 BIM 技术标准，建立了建筑资产全生命周期工程信息协同工作规范，促进资产交付及设施管理过程中的数据高效、安全的利用，是 ISO 19650 国际 BIM 标准的基础	2007—2018 年	英国标准学会（BSI）
英国	PAS 1192-6-2018《基于 BIM 的结构化健康和安全信息协同共享及使用规范》	提出了在建造过程中如何通过 BIM 模型来识别、共享及使用健康与安全信息，从而实现减少风险的目标	2018 年	英国标准学会（BSI）
英国	PAS 1192-7《建筑产品信息》（征求意见稿）	提出了建造过程中结构化数字建造产品信息的定义、共享和维护规程	2018 年	英国标准学会（BSI）
英国	BIM Protocol v2	BIM Protocol 是英国 BIM-Level2 的关键部分，作为补充法律协议（合同范本），对雇主和承包方提出了附加的义务和权利。相较 2013 年发布的第一版，此版本基于 PAS 1192-2 标准进行了大量更新	2018 年	英国建筑业协会（CIC）

续表

国家	名称	简介	发布时间	发布机构
美国	美国国家建筑信息模型标准（NBIMS-USV）	发布基于 IFC 标准的美国国家 BIM 标准第一、二、三版，它的主要内容框架包括标准引用层、信息交换层和 BIM 标准实施层三个层次。这三个层次相辅相成，互相依托，形成一整套标准体系	2007-2015 年	美国建筑科学研究院（NIBS）
新加坡	《新加坡 BIM 指南 2.0 版》	规范 BIM 技术建造和协作程序，项目在不同阶段 BIM 技术应用内容，主要包括 BIM 技术规范、BIM 建模和协作流程及附录	2013 年	新加坡建设局（BCA）
新加坡	BIM 技术资产信息传递指南	推进建筑数字化行动计划，制定资产信息传递指南，为建筑/设施业主提供在设计和施工阶段使用 BIM 技术应用信息交付和管理的步骤，便于业主运营和维护阶段使用	2018 年	新加坡建设局（BCA）
澳大利亚	《NATSPEC 国家 BIM 指南》	指导项目中 BIM 技术实施，定义项目的角色和职责、协作程序、批准的软件、建模要求、数字交付成果和文件标准。其包括《NATSPEC 国家 BIM 指南》《项目 BIM 简要模板》《NATSPECBIM 参考清单》《NATSPECBIM 对象/元素矩阵》	2016 年	NATSPEC
新西兰	《新西兰 BIM 手册第三版》	根据国际及新西兰 BIM 技术发展现状，新西兰 BIM 技术促进协会于 2019 年在第二版 BIM 手册（2016）的基础上升级形成《新西兰 BIM 手册第三版》，并在附录中提供开展项目 BIM 工作所涉及的模板文件包括工作流程、工作内容及项目案例等	2019 年	新西兰 BIM 促进协会

【资料出处：《2021 上海市建筑信息模型技术应用与发展报告》】

【学习测验】

1. 【多选】《建筑信息模型施工应用标准》适用（   ）。

　　A．工业与民用建筑

　　B．机电设备安装工程

　　C．装饰装修工程

　　D．机械工程

2. 表示模型包含的信息的全面性、细致程度及准确性的指标是（   ）。

　　A．模型精细度

　　B．非几何信息

　　C．几何信息

　　D．建模几何精细度

1.4 BIM 的应用价值

1.4.1 BIM 技术的典型应用

在传统的设计—招标—建造模式下，基于图纸的交付模式使跨阶段传递信息时带来大量价值的损失，导致出错、遗漏，需要花费额外的精力来创建、补充精确的信息。而基于 BIM 模型的协同合作模型下，利用三维可视化、数据信息丰富的模型，各方可以获得更大投入产出比。

美国 bSa（building SMART alliance）在 BIM 实施指南（BIM Project Execution Planning Guide Version 1.0）中，根据当前美国工程建设领域的 BIM 使用情况总结了 BIM 的 25 种主要应用（图 1.4.1）。从图 1.4.1 中可以发现，BIM 应用贯穿了建筑的规划、设计、施工与运营四个阶段，多项应用是跨阶段的，尤其是基于 BIM 的"现状建模"与"成本预算"贯穿了建筑的全生命周期。

这 25 种应用跨越了设施全生命周期的四个阶段，即规划阶段（项目前期策划阶段）、设计阶段、施工阶段和运营阶段。我国通过借鉴上述对 BIM 应用的分类框架，结合目前国内事实现状，归纳得出目前国内建筑市场的 20 种典型 BIM 应用（图 1.4.2）。

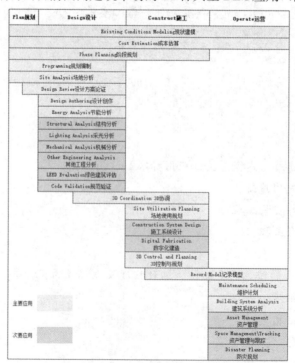

图 1.4.1　BIM 技术的 25 种常见应用

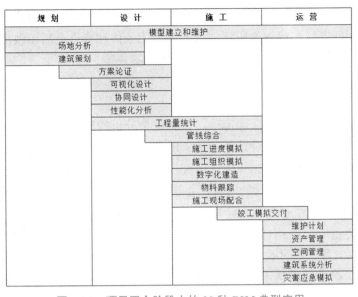

图 1.4.2　项目四个阶段中的 20 种 BIM 典型应用

1. 模型建立和维护

根据项目建设进度建立和维护 BIM 模型，实质上是使用 BIM 平台汇总各项目团队所有的建筑工程信息，消除项目中的信息孤岛，并且将得到的信息结合三维模型进行整理和储存，以备在项目全过程中各相关利益方随时共享。

由于 BIM 的用途决定了 BIM 模型细节的精度，同时仅靠一个 BIM 工具并不能完成所有的工作，所以，目前业内主要采用"分布式"BIM 模型的方法，建立符合工程项目现有条件和使用用途的 BIM 模型。这些模型根据需要包括设计模型、施工模型、进度模型、成本模型、制造模型、操作模型等。

"分布式"BIM 模型还体现在 BIM 模型往往由相关的设计单位、施工单位或运营单位根据各自工作范围单独建立，最后通过统一标准合成。这将增加对 BIM 建模标准、版本管理、数据安全的管理难度，所以，有时候业主也会委托独立的 BIM 服务商统一规划、维护和管理整个工程项目的 BIM 应用，以确保 BIM 模型信息的准确性、时效性和安全性。

2. 场地分析

场地分析是研究影响建筑物定位的主要因素，是确定建筑物的空间方位和外观、建立建筑物与周围景观的联系的过程。在规划阶段，场地的地貌、植被、气候条件都是影响设计决策的重要因素，往往需要通过场地分析来对景观规划、环境现状、施工配套及建成后交通流量等各种影响因素进行评价及分析。

传统的场地分析存在如定量分析不足、主观因素过重、无法处理大量数据信息等弊端，通过 BIM 结合地理信息系统 GIS（Geographic Information System），对场地及拟建的建筑物空间数据进行建模，通过 BIM 及 GIS 软件的强大功能，可以迅速得出令人信服的分析结果，帮助项目在规划阶段评估场地的使用条件和特点，从而做出新建项目最理想的场地规划、交通流线组织关系、建筑布局等关键决策。

3. 建筑策划

建筑策划是在总体规划目标确定后，根据定量分析得出设计依据的过程。相对于根据经验确定设计内容及依据（设计任务书）的传统方法，建筑策划利用对建设目标所处社会环境及相关因素的逻辑数理分析，研究项目任务书对设计的合理导向，制定和论证建筑设计依据，科学地确定设计的内容，并寻找达到这一目标的科学方法。

在这一过程中，除了运用建筑学的原理，借鉴过去的经验和遵守规范，更重要的是要以实态调查为基础，利用计算机等现代化手段对目标进行研究。BIM 能够帮助项目团队在建筑规划阶段，通过对空间进行分析来理解复杂空间的标准和法规，从而节省时间，提供对团队更多增值活动的可能。特别是在客户讨论需求、选择及分析最佳方案时，能借助 BIM 及相关分析数据，做出关键性的决定。

BIM 在建筑策划阶段的应用成果，还会帮助建筑师在建筑设计阶段随时查看初步设计是否符合业主的要求，是否满足建筑策划阶段得到的设计依据，通过 BIM 连贯的信息传递或追溯，大大减少以后详图设计阶段发现不合格，从而需要修改设计的巨大浪费。

4. 方案论证

在方案论证阶段，项目投资方可以使用 BIM 来评估设计方案的布局、视野、照明、安全、人体工程学、声学、纹理、色彩及规范的遵守情况。BIM 甚至可以做到建筑局部的细节推敲，迅速分析设计和施工中可能需要应对的问题。

方案论证阶段可以借助 BIM 提供方便的、低成本的不同解决方案供项目投资方进行选择，通过数据对比和模拟分析，找出不同解决方案的优、缺点，帮助项目投资方迅速评估建筑投资方案的成本和时间。

对设计师来说，通过 BIM 来评估所设计的空间，可以获得较高的互动效应，以便从使用者和业主处获得积极的反馈。设计的实时修改往往基于最终用户的反馈，在 BIM 平台下，项目各方关注的焦点问题比较容易得到直观的展现并迅速达成共识，相应地，需要决策的时间也会比以往减少。

5. 可视化设计

3d Max、SketchUp 等三维可视化设计软件的出现，有力地弥补了业主及最终用户因缺乏对传统建筑图纸的理解能力而造成的与设计师之间的交流鸿沟。但是由于这些软件设计理念和功能上的局限，使得这样的三维可视化展现无论用于前期方案推敲还是用于阶段性的效果图展现，与真正的设计方案之间都存在相当大的差距。

对于设计师而言，除用于前期推敲和阶段性效果图展现外，大量的设计工作还是要基于传统 CAD 平台使用平、立、剖等三视图的方式表达和展现自己的设计成果。这种由于工具原因造成的信息割裂，在遇到项目复杂、工期紧张的情况下，非常容易出错。

BIM 的出现使设计师不仅拥有了三维可视化的设计工具，所见即所得，更重要的是通过工具的提升，使设计师能使用三维的思考方式来完成建筑设计，同时也使业主及最终用户真正摆脱了技术壁垒的限制，随时知道自己的投资能获得什么。

6. 协同设计

协同设计是一种新兴的建筑设计方式。它可以使分布在不同地理位置的不同专业的设计人员通过网络协同展开设计工作。协同设计是在建筑业环境发生深刻变化、建筑的传统设计方式必须得到改变的背景下出现的，也是数字化建筑设计技术与快速发展的网络技术相结合的产物。

现有的协同设计主要是基于 CAD 平台，并不能充分实现专业之间的信息交流，这是因为 CAD 的通用文件格式仅仅是对图形的描述，无法加载附加信息，导致专业间的数据不具有关联性。

BIM 的出现使协同已经不再是简单的文件参照，BIM 技术为协同设计提供底层支撑，大幅提升协同设计的技术含量。借助 BIM 的技术优势，协同的范畴也从单纯的设计阶段扩展到建筑全生命周期，需要规划、设计、施工、运营等各方的集体参与，因此具备了更广泛的意义，从而带来综合效益的大幅提升。

7. 性能化分析

利用计算机进行建筑物理性能化分析始于 20 世纪 60 年代甚至更早，早已形成成熟的理论支持，开发出丰富的工具软件。但是在 CAD 时代，无论什么样的分析软件都必须通过手工的方式输入相关数据才能开展分析计算，而操作和使用这些软件不仅需要专业技术人员经过培训才能完成，同时由于设计方案的调整，造成原本就耗时耗力的数据录入工作需要经常性的重复录入或者校核，导致包括建筑能量分析在内的建筑物理性能化分析通常被安排在设计的最终阶段成为一种象征性的工作，使建筑设计与性能化分析计算之间严重脱节。

利用 BIM 技术，建筑师在设计过程中创建的虚拟建筑模型已经包含了大量的设计信息（如几何信息、材料性能、构件属性等），只要将模型导入相关的性能化分析软件，就可以得到相应的分析结果。原本需要专业人士花费大量时间输入大量专业数据的过程，如今可以自动完成，这大大降低了性能化分析的周期，提高了设计质量，使设计公司能够为业主提供更专业的技能和服务。

8. 工程量统计

在 CAD 时代，由于 CAD 无法存储可以让计算机自动计算工程项目构件的必要信息，所以需要依靠人工根据图纸或者 CAD 文件进行测量和统计，或者使用专门的造价计算软件根据图纸或者 CAD 文件重新进行建模后由计算机自动进行统计。前者不仅需要消耗大量的人力，而且比较容易出现手工计算带来的差错，后者同样需要不断地根据调整后的设计方案及时更新模型，如果滞后，得到的工程统计数据也往往失效了。而 BIM 是一个富含工程信息的数据库，可以真实地提供造价管理需要的工程量信息，借助这些信息，计算机可以快速对各种构件进行统计分析，大大减少了烦琐的人工操作和潜在错误，非常容易实现工程量信息与设计方案的完全一致。

通过 BIM 获得的准确的工程量统计可以用于前期设计过程中的成本估算、在业主预算范围内不同设计方案的探索或者不同设计方案建造成本的比较，以及施工开始前的工程量预算和施工完成后的工程量决算。

9. 管线综合

随着建筑物规模和使用功能复杂程度的增加，无论设计企业还是施工企业，甚至是业主，对机电管线综合的要求都越加强烈。在 CAD 时代，设计企业主要由建筑或者机电专业牵头，将所有图纸打印成硫酸图，然后各专业将图纸叠在一起进行管线综合，由于二维图纸的信息缺失及缺失直观的交流平台，导致管线综合成为建筑施工前让业主最不放心的技术环节。

利用 BIM 技术，通过搭建各专业的 BIM 模型，设计师能够在虚拟的三维环境下方便地发现设计中的碰撞冲突，从而大大提高了管线综合的设计能力和工作效率。这不仅能及时排除项目施工环节中可以遇到的碰撞冲突，显著减少由此产生的变更申请单，还大大提高了施工现场的生产效率，降低了由于施工协调造成的成本增加和工期延误。

10. 施工进度模拟

建筑施工是一个高度动态的过程。随着建筑规模不断扩大，复杂程度不断提高，使得施工项目管理变得极为复杂。当前建筑工程项目管理中经常用于表示进度计划的甘特图，由于专业性强，可视化程度低，无法清晰描述施工进度及各种复杂关系，难以准确表达工程施工的动态变化过程。

通过将 BIM 模型与施工进度计划相链接，将空间信息与时间信息整合在一个可视的 4D（3D+Time）模型中，可以直观、精确地反映整个建筑的施工过程。4D 施工模拟技术可以在项目建造过程中合理制订施工计划、精确掌握施工进度，优化使用施工资源，以及科学地进行场地布置，对整个工程的施工进度、资源和质量进行统一管理和控制，以缩短工期、降低成本、提高质量。

另外，借助 4D 模型，施工企业在工程项目投标中将获得竞标优势，BIM 可以协助评标专家从 4D 模型中很快了解投标单位对投标项目主要施工的控制方法、施工安排是否均衡、总体计划是否合理等，从而对投标单位的施工经验和实力做出有效评估。

11. 施工组织模拟

施工组织是对施工活动实行科学管理的重要手段。它决定了各阶段的施工准备工作内容，协调了施工过程中各施工单位、各施工工种、各项资源之间的相互关系。施工组织设计是用来指导施工项目全过程各项活动的技术、经济和组织的综合性解决方案，是施工技术与施工项目管理有机结合的产物。

通过 BIM 可以对项目的重点或难点部分进行可建性模拟，按月、日、时进行施工安装方案的分析优化。对于一些重要的施工环节或采用新施工工艺的关键部位、施工现场平面布置等施工指导措施进行模拟和分析，以提高计划的可行性；也可以利用 BIM 技术结合施工组织计划进行预演，以提高复杂建筑体系的可造性。

借助 BIM 对施工组织的模拟，项目管理方能够非常直观地了解整个施工安装环节的时间节点和安装工序，并清晰把握安装过程中的难点和要点，施工方也可以进一步对原有安装方案进行优化和改善，以提高施工效率和施工方案的安全性。

12. 数字化建造

制造行业目前的生产效率极高，其中部分原因是利用数字化数据模型实现了制造方法的自动化。同样，BIM 结合数字化建造也能够提高建筑行业的生产效率。通过 BIM 模型与数字化建造系统的结合，建筑行业也可以采用类似的方法来实现建筑施工流程的自动化。

建筑中的许多构件可以异地加工，然后运到建筑施工现场，装配到建筑中（如门窗、预制混凝土结构和钢结构等构件）。通过数字化建造，可以自动完成建筑物构件的预制，这些通过工厂精密机械技术制造出来的构件不仅降低了建造误差，而且大幅度提高了构件制造的生产率，使整个建筑建造的工期缩短并且容易掌控。

BIM 模型直接用于制造环节，还可以在制造商与设计人员之间形成一种自然的反馈循环，即在建筑设计流程中提前考虑尽可能多地实现数字化建造。同样，与参与竞标的制造商共享构件模型也有助于缩短招标周期，便于制造商根据设计要求的构件用量编制更加统一的投标文件。同时，标准化构件之间的协调也有助于减少现场发生的问题，降低建造、安装成本。

13. 物料跟踪

随着建筑行业标准化、工厂化、数字化水平的提升，以及建筑使用设备复杂性的提高，越来越多的建筑及设备构件通过工厂加工并运送到施工现场进行高效的组装。而这些建筑构件及设备是否能够及时运到现场、是否满足设计要求、质量是否合格将成为整个建筑施工建造过程中影响施工计划关键路径的重要环节。

在 BIM 出现以前，建筑行业往往借助较为成熟的物流行业的管理经验及技术方案（如 RFID 无线射频识别电子标签），通过 RFID 可以把建筑物内的各个设备构件贴上标签，以实现对这些物体的跟踪管理，但 RFID 本身无法进一步获取物体更详细的信息（如生产日期、生产厂家、构件尺寸等），而 BIM 模型恰好详细记录了建筑物及构件和设备的所有信息。

另外，BIM 模型作为一个建筑物的多维度数据库，并不擅长记录各种构件的状态信息，而基于 RFID 技术的物流管理信息系统对物体的状态信息都有数据库记录和管理功能，这样 BIM 与 RFID 正好互补，从而可以解决建筑行业对日益增长的物料跟踪带来的管理压力。

14. 施工现场配合

BIM 不仅集成了建筑物的完整信息，同时还提供了一个三维的交流环境。与传统模式下项目各方在现场从图纸堆中找到有效信息后再进行交流相比，效率大大提高。

BIM 逐渐成为一个便于施工现场各方交流的沟通平台，可以让项目各方方便地协调项目方案，论证项目的可造性，及时排除风险隐患，减少由此产生的变更，从而缩短施工时间，降低由于设计协调造成的成本增加，提高施工现场生产效率。

15. 竣工模拟交付

建筑作为一个系统，当完成建造过程准备投入使用时，首先需要对建筑进行必要的测试和调整，以确保它可以按照当初的设计来运营。在项目完成后的移交环节，物业管理部门需要得到的不只是常规的设计图纸、竣工图纸，还需要能够正确反映真实的设备状态、材料安装使用情况等与运营维护相关的文档和资料。

BIM 能将建筑物空间信息和设备参数信息有机地整合起来，从而为业主获取完整的建筑物全局信息提供途径。通过 BIM 与施工过程记录信息的关联，甚至能够实现包括隐蔽工程资料在内的竣工信息集成，不仅为后续的物业管理带来便利，而且可以在未来进行的翻新、改造、扩建过程中为业主及项目团队提供有效的历史信息。

16. 维护计划

在建筑物使用寿命期间，建筑物结构设施（如墙、楼板、屋顶等）和设备设施（如设备、管道等）都需要不断得到维护。一个成功的维护方案将提高建筑物性能，降低能耗和修理费用，进而降低总体维护成本。

BIM 模型结合运营维护管理系统可以充分发挥空间定位和数据记录的优势，合理制订维护计划，分配专人专项维护工作，以降低建筑物在使用过程中出现突发状况的概率。对一些重要设备还可以跟踪维护工作的历史记录，以便对设备的适用状态提前做出判断。

17. 资产管理

一套有序的资产管理系统将有效提升建筑资产或设施的管理水平，但由于建筑施工和运营的信息割裂，使得这些资产信息需要在运营初期依赖大量的人工操作来录入，而且很容易出现数据录入错误。

BIM 中包含的大量建筑信息能够顺利导入资产管理系统，大大减少了系统初始化在数据准备方面的时间及人力投入。此外，由于传统的资产管理系统本身无法准确定位资产位置，通过 BIM 结合 RFID 的资产标签芯片还可以使资产在建筑物中的定位及相关参数信息一目了然。

18. 空间管理

空间管理是为节省空间成本、有效利用空间、为最终用户提供良好工作生活环境而对建筑空间所做的管理。BIM 不仅可以有效管理建筑设施及资产等资源，还可以帮助管理团队记录空间使用情况，处理最终用户要求空间变更的请求，分析现有空间的使用情况，合理分配建筑物空间，确保空间资源的最大利用率。

19. 建筑系统分析

建筑系统分析是对照业主使用需求及设计规定来衡量建筑物性能的过程，包括机械系统如何操作和建筑物能耗分析、内外部气流模拟、照明分析、人流分析等涉及建筑物性能的评估。

BIM 结合专业的建筑系统分析软件避免了重复建立模型和采集系统参数。通过 BIM 可以验证建筑物是否按照特定的设计规定和可持续标准建造，通过这些分析模拟，最终确定、修改系统参数甚至系统改造计划，以提高整个建筑的性能。

20. 灾难应急模拟

利用 BIM 及相应灾害分析模拟软件，可以在灾害发生前模拟灾害发生的过程，分析灾害发生的原因，制定避免灾害发生的措施，以及发生灾害后人员疏散、救援支持的应急预案。

当灾害发生后，BIM 模型可以提供救援人员紧急状况点的完整信息，这将有效提高突发状况应对措施。此外，楼宇自动化系统能及时获取建筑物及设备的状态信息，通过 BIM 和楼宇自动化系统的结合使 BIM 模型能清晰地呈现出建筑物内部紧急状况的位置，甚至到紧急状况点最合适的路线，救援人员可以由此做出正确的现场处置，提高应急行动的成效。

1.4.2　BIM 技术的深度应用趋势

我国建筑业正走向以新型工业化变革生产方式、以数字化推动全面转型、以绿色化实现可持续发展的创新发展新时代。全国住房和城乡建设工作会议要求，加快发展"中国建造"，推动建筑产业转型升级。加快推动智能建造与新型建筑工业化协同发展，大力发展数字设计、智能生产、智能施工和智慧运维，加快建筑信息模型（BIM）技术研发和应用，建设建筑产业互联网平台，完善智能建造标准体系，推动自动化施工机械、建筑机器人等设备研发与应用。

1. BIM 技术与绿色建筑

绿色建筑是指在建筑的全寿命周期内，最大限度节约资源，节能、节地、节水、节材、保护环境和减少污染，提供健康适用、高效使用，以及与自然和谐共生的建筑。

BIM 的最重要意义在于它重新整合了建筑设计的流程，其所涉及的建筑生命周期管理（BLM），又恰好是绿色建筑设计的关注和影响对象。真实的 BIM 数据和丰富的构件信息给各种绿色分析软件以强大的数据支持，确保了结果的准确性。BIM 的某些特性（如参数化、构件库等）使建筑设计及后续流程针对上述分析的结果，有非常及时和高效的反馈。绿色建筑设计是一个跨学科、跨阶段的综合性设计过程，而 BIM 模型刚好顺应需求，实现了单一数据平台上各个工种的协调设计和数据集中。BIM 的实施能够将建筑各项物理信息分析从设计后期显著提前，有助于建筑师在方案，甚至概念设计阶段进行绿色建筑相关的决策。

另外，BIM 技术提供了可视化的模型和精确的数字信息统计，将整个建筑的建造模型摆在人们面前，立体的三维感增加人们的视觉冲击和图像印象。而绿色建筑则是根据现代的环保理念提出的，主要是运用高科技设备，利用自然资源，实现人与自然的和谐共处。基于 BIM 技术的绿色建筑设计应用主要通过数字化的建筑模型、全方位的协调处理、环保理念的渗透三方面来进行，实现绿色建筑的环保和节约资源的原始目标，对于整个绿色建筑的设计有很大的辅助作用。

总之，结合 BIM 进行绿色建筑设计已经是一个受到广泛关注和认可的系统性方案，也让绿色建筑事业进入一个崭新的时代。

2. BIM 技术与信息化

信息化是指培养、发展以计算机为主的智能化工具为代表的新生产力，并使之造福于社会的历史过程。智能化生产工具与过去生产工具不一样的是，它不是一件孤立分散的东西，而是一个具有庞大规模的、自上而下的、有组织的信息网络体系。这种网络性生产工具正在改变人们的生产方式、工作方式、学习方式、交往方式、生活方式、思维方式等，使人类社会发生极其深刻的变化。

随着我国国民经济信息化进程的加快，建筑业信息化早些年已经被提上了议事日程。住房和城乡建设部明确指出"建筑业信息化是指运用信息技术，特别是计算机技术和信息安全技术等，改造和提升建筑业技术手段和生产组织方式，提高建筑企业经营管理水平和核心竞争力。提高建筑业主管部门的管理、决策和服务水平。"建筑业的信息化是国民经济信息化的基础之一，而管理的信息化又是实现全行业信息化的重中之重。因此，利用信息化改造建筑工程管理，是建筑业健康发展的必由之路。但是，我国建筑工程管理信息化无论从思想认识上，还是在专业推广中都还不成熟，仅有部分企业不同程度地、孤立地使用信息技术的某一部分，且仍没有实现信息的共享、交流与互动。

利用 BIM 技术对建筑工程进行管理，由业主方搭建 BIM 平台，组织业主、监理、设计、施工多方，进行工程建造的集成管理和全寿命周期管理。BIM 系统是一种全新的信息化管理系统，目前正越来越多地应用于建筑行业中。它要求参建各方在设计、施工、项目管理、项目运营等各个过程中将所有信息整合在统一的数据库中，通过数字信息仿真模拟建筑物所具有的真实信息，为建筑的全生命周期管理提供平台。在整个系统的运行过程中，要求业主方、设计方、监理方、总包方、分包方、供应方多渠道和多方位的协调，并通过网上文件管理协同平台进行日常维护和管理。BIM 是新兴的建筑信息化技术，同时也是未来建筑技术发展的大势所趋。

3. BIM 技术与 EPC

EPC 工程总承包（Engineering Procurement Construction，EPC）是指工程总承包企业按照合同约定，承担工程项目的设计、采购、施工、试运行服务等工作，并对承包工程的质量、安全、工期、造价全面负责，它是以实现"项目功能"为最终目标，是我国目前推行总承包模式最主要的一种。相较传统设计和施工分离承包模式，业主方能够摆脱工程建设过程中的杂乱事务，避免人员与资金的浪费；总承包商能够有效减少工程变更、争议、纠纷和索赔的耗费，使资金、技术、管理各个环节衔接更加紧密；同时，更有利于提高分包商的专业化程度，从而体现 EPC 工程总承包方式的经济效益和社会效益。因此，EPC 工程总承包越来越受到发包人、投资者的欢迎，也被政府有关部门所看重并大力推行。

近年来，随着国际工程承包市场的发展，EPC 工程总承包模式得到越来越广泛的应用。对技术含量高、各部分联系密切的项目，业主往往更希望由一家承包商完成项目的设计、采购、施工和试运行。大型工程项目多采用 EPC 工程总承包模式，给业主和承包商带来了可观的便利和效益，同时也给项目管理程序和手段，尤其是项目信息的集成化管理提出了新的更高的要求，因为工程项目建设的成功与否在很大程度上取决于项目实施过程中参与各方之间信息交流的透明性和时效性是否能得到满足。工程管理领域的许多问题，如成本的增加、工期的延误等都与项目组织中的信息交流问题有关。传统工程管理组织中信息内容的缺失、扭曲，传递过程的延误和信息获得成本过高等问题严重阻碍了项目参与各方的信息交流和沟通，也给基于 BIM 的工程项目管理预留了广阔的空间。把 EPC 项目生命周期所产生的大量图纸、报表数据融入以时间、工序为维度进展的 4D、5D 模型中，利用虚拟现实技术辅助工程设计、采购、施工、试运行等诸多环节，整合业主、EPC 总承包商、分包商、供应商等各方的信息，增强项目信息的共享和互动，不仅是必要的而且是可能的。

4. BIM 技术与云计算

云计算是一种基于互联网的计算方式，以这种方式共享的软硬件和信息资源可以按需提供给计算机和其他终端使用。

BIM 技术与云计算集成应用，是利用云计算的优势将 BIM 应用转化为 BIM 云服务，基于云计算强大的计算能力，可将 BIM 应用中计算量大且复杂的工作转移到云端，以提升计算效率；基于云计算的大规模数据存储能力，可将 BIM 模型及其相关的业务数据同步到云端，方便用户随时随地访问并与协作者共享；云计算使 BIM 技术走出办公室，用户在施工现场可通过移动设备随时连接云服务，及时获取所需的 BIM 数据和服务等。

根据云的形态和规模，BIM 与云计算集成应用将经历初级、中级和高级发展阶段。初级阶段以项目协同平台为标志，主要厂商的 BIM 应用通过接入项目协同平台，初步形成文档协作级别的 BIM 应用；中级阶段以模型信息平台为标志，合作厂商基于共同的模型信息平台开发 BIM 应用，并组合形成构件协作级别的 BIM 应用；高级阶段以开放平台为标志，用户可根据差异化需要从 BIM 云平台上获取所需的 BIM 应用，并形成自定义的 BIM 应用。

5. BIM 技术与物联网

物联网是通过射频识别、红外感应器、全球定位系统、激光扫描器等信息传感设备，按约定的协议将物品与互联网相连进行信息交换和通信，以实现智能化识别、定位、跟踪、监控和管理的一种网络。

BIM 技术与物联网集成应用，实质上是建筑全过程信息的集成与融合。BIM 技术发挥上层信息集成、交互、展示和管理的作用，而物联网技术则承担底层信息感知、采集、传递、监控的功能。两者集成应用可以实现建筑全过程"信息流闭环"，实现虚拟信息化管理与实体环境硬件之间的有机融合。目前，BIM 在设计阶段应用较多，并开始向建造和运维阶段应用延伸；物联网应用主要集中在建造和运维阶段，两者集成应用将会产生极大的价值。

在工程建设阶段，两者集成应用可提高施工现场安全管理能力，确定合理的施工进度，支持有效的成本控制，提高质量管理水平。例如，临边洞口防护不到位、部分作业人员高处作业不系安全带等安全隐患在施工现场无处不在，基于 BIM 的物联网应用可实时发现这些隐患并报警提示。高空作业人员的安全帽、安全带、身份识别牌上安装的无线射频识别，可在 BIM 系统中实现精确定位。如果作业行为不符合相关规定，身份识别牌与 BIM 系统中相关定位会同时报警，管理人员可精准定位隐患位置，并采取有效措施避免安全事故发生。在建筑运维阶段，二者集成应用可提高设备的日常维护维修工作效率，提升重要资产的监控水平，增强安全防护能力，并支持智能家居。

BIM 与物联网集成应用目前处于起步阶段，尚缺乏数据交换、存储、交付、分类和编码、应用等系统化、可实施操作的集成和实施标准，且面临着法律法规、建筑业现行商业模式、BIM 应用软件等诸多问题，但这些问题将会随着技术的发展及管理水平的不断提高得到解决。BIM 与物联网的深度融合与应用，势必将智能建造提升到智慧建造的新高度，开创智慧建筑新时代，是未来建设行业信息化发展的重要方向之一。未来建筑智能化系统，将会出现以物联网为核心，以功能分类、相互通信兼容为主要特点的建筑"智慧化"大控制系统。

6. BIM 技术与数字化加工

数字化是将不同类型的信息转变为可以度量的数字，将这些数字保存在适当的模型中，再将模型引入计算机进行处理的过程。数字化加工则是在应用已经建立的数字模型基础上，利用生产设备完成对产品的加工。

BIM 技术与数字化加工集成，意味着将 BIM 模型中的数据转换成数字化加工所需的数字模型，制造设备可根据该模型进行数字化加工。目前，BIM 技术与数字化加工集成主要应用在预制混凝土板生产、管线预制加工和钢结构加工三个方面。一方面，工厂精密机械自动完成建筑物构件的预制加工，不仅制造出的构件误差小，生产效率也可大幅提高；另一方面，建筑中的门窗、整体卫浴、预制混凝土结构和钢结构等许多构件，均可异地加工，再被运到施工现场进行装配，既可缩短建造工期，也容易掌控质量。

例如，深圳平安金融中心为超高层项目，有十几万平方米风管加工制作安装量，如果采用传统的现场加工制作安装，不仅大量占用现场场地，而且受垂直运输影响，效率低下。为此，该项目探索基于 BIM 的风管工厂化预制加工技术，将制作工序移至场外，由专门加工流水线高效切割完成风管制作，再运至现场指定楼层完成组合拼装。在此过程中，依靠 BIM 技术进行预制分段和现场施工误差测控，大大提高了施工效率和工程质量。

未来，将以建筑产品三维模型为基础，进一步加入资料、构件制造、构件物流、构件装置及工期、成本等信息，以可视化的方法完成 BIM 与数字化加工的融合。同时，更加广泛地发展和应用 BIM 技术与数字化技术的集成，进一步拓展信息网络技术、智能卡技术、家庭智能化技术、无线局域网技术、数据卫星通信技术、双向电视传输技术等与BIM 技术的融合。

7. BIM 技术与智能型全站仪

施工测量是工程测量的重要内容，包括施工控制网的建立、建筑物的放样、施工期间的变形观测和竣工测量等内容。近年来，外观造型复杂的超大、超高建筑日益增多，测量放样主要使用全站型电子速测仪（简称全站仪）。随着新技术的应用，全站仪逐步向自动化、智能化方向发展。智能型全站仪由马达驱动，在相关应用程序控制下，在无人干预的情况下可自动完成多个目标的识别、照准与测量，且在无反射棱镜的情况下可对一般目标直接测距。

BIM 技术与智能型全站仪集成应用，是通过对软件、硬件进行整合，将 BIM 模型带入施工现场，利用模型中的三维空间坐标数据驱动智能型全站仪进行测量。二者集成应用，将现场测绘所得的实际建造结构信息与模型中的数据进行对比，核对现场施工环境与 BIM 模型之间的偏差，为机电、精装、幕墙等专业的深化设计提供依据。同时，基于智能型全站仪高效精确的放样定位功能，结合施工现场轴线网、控制点及标高控制线，可高效快速地将设计成果在施工现场进行标定，实现精确的施工放样，并为施工人员提供更加准确直观的施工指导。另外，基于智能型全站仪精确的现场数据采集功能，在施工完成后对现场实物进行实测实量，通过对实测数据与设计数据进行对比，检查施工质量是否符合要求。

与传统放样方法相比，BIM 技术与智能型全站仪集成放样的精度可控制在 3 mm 以内，而一般建筑施工要求的精度为 1 ~ 2 cm，远超传统施工精度。传统放样最少要两人操作，BIM 技术与智能型全站仪集成放样，一人一天可完成几百个点的精确定位，效率是传统方法的 6 ~ 7 倍。

目前，国外已有很多企业在施工中将 BIM 技术与智能型全站仪集成应用进行测量放样，而我国还处于探索阶段，只有深圳市城市轨道交通 9 号线、深圳平安金融中心和北京望京 SOHO 等少数项目应用。未来，二者集成应用将与云技术进一步结合，使移动终端与云端的数据实现双向同步；还将与项目质量管控进一步融合，使质量控制和模型修正无缝融入原有工作流程，进一步提升 BIM 的应用价值。

8. BIM 技术与 GIS

地理信息系统是用于管理地理空间分布数据的计算机信息系统，以直观的地理图形方式获取、存储、管理、计算、分析和显示与地球表面位置相关的各种数据，英文缩写为 GIS。BIM 技术与 GIS 集成应用，是通过数据集成、系统集成或应用集成来实现的，可在 BIM 应用中集成 GIS，也可以在 GIS 应用中集成 BIM，或是 BIM 与 GIS 深度集成，以发挥各自优势，拓展应用领域。目前，二者集成在城市规划、城市交通分析、城市微环境分析、市政管网管理、住宅小区规划、数字防灾、既有建筑改造等诸多领域均有所应用。与各自单独应用相比，在建模质量、分析精度、决策效率、成本控制水平等方面都有明显提高。

BIM 技术与 GIS 集成应用可提高长线工程和大规模区域性工程的管理能力。BIM 技术的应用对象往往是单个建筑物，利用 GIS 宏观尺度上的功能，可将 BIM 技术的应用范围扩展到道路、铁路、隧道、水电、港口等工程领域。例如，邢汾高速公路项目开展 BIM 技术与 GIS 集成应用，实现了基于 GIS 的全线宏观管理、基于 BIM 的标段管理及桥隧精细管理相结合的多层次施工管理。

BIM 技术与 GIS 集成应用可增强大规模公共设施的管理能力。现阶段，BIM 技术应用主要集中在设计、施工阶段，而二者集成应用可解决大型公共建筑、市政及基础设施的 BIM 运维管理，将 BIM 技术应用延伸到运维阶段。例如，昆明新机场项目将二者集成应用，成功开发了机场航站楼运维管理系统，实现了航站楼物业、机电、流程、库存、报修与巡检等日常运维管理和信息动态查询。

BIM 技术与 GIS 集成应用可以拓宽和优化各自的应用功能。导航是 GIS 应用的一个重要功能，但仅限于室外。二者集成应用，不仅可以将 GIS 的导航功能拓展到室内，还可以优化 GIS 已有的功能，如利用 BIM 模型对室内信息的精细描述，可以保证在发生火灾时室内逃生路径是最合理的，而不再只是路径最短。

随着互联网的高速发展，基于互联网和移动通信技术的 BIM 技术与 GIS 集成应用，将改变二者的应用模式，向着网络服务的方向发展。当前，BIM 和 GIS 不约而同地开始融合云计算这项新技术，分别出现了"云 BIM"和"云 GIS"的概念，云计算的引入将使 BIM 和 GIS 的数据存储方式发生改变，数据量级将得到提升，其应用也会得到跨越式发展。

9. BIM 技术与 3D 扫描技术

3D 扫描是集光、机、电和计算机技术于一体的高新技术，主要用于对物体空间外形、结构及色彩进行扫描，以获得物体表面的空间坐标，具有测量速度快、精度高、使用方便等优点，且其测量结果可直接与多种软件接口。3D 激光扫描技术又被称为实景复制技术，采用高速激光扫描测量的方法，可大面积、高分辨率地快速获取被测量对象表面的 3D 坐标数据，为快速建立物体的 3D 影像模型提供了一种全新的技术手段。3D 激光扫描技术可有效完整地记录工程现场复杂的情况，通过与设计模型进行对比，直观地反映出现场真实的施工情况，为工程检验等工作带来巨大帮助。同时，针对一些古建类建筑，3D 激光扫描技术可快速准确地形成电子化记录，形成数字化存档信息，方便后续的修缮改造等工作。另外，对于现场难以修改的施工现状，可通过 3D 激光扫描技术得到现场真实信息，为其量身定做装饰构件等材料。

BIM 技术与 3D 扫描技术的集成是将 BIM 模型与所对应的 3D 扫描模型进行对比、转化和协调，达到辅助工程质量检查、快速建模、减少返工的目的，可解决很多传统方法无法解决的问题，目前正越来越多地被应用在建筑施工领域，在施工质量检测、辅助实际工程量统计、钢结构预拼装等方面体现出较大价值。例如，将施工现场的 3D 激光扫描结果与 BIM 模型进行对比，可检查现场施工情况与模型、图纸的差别，协助发现现场施工中的问题，这在传统方式下需要工作人员拿着图纸、皮尺在现场检查，费时又费力。

再如，针对土方开挖工程中较难统计测算土方工程量的问题，可在开挖完成后对现场基坑进行 3D 激光扫描，基于点云数据进行 3D 建模，再利用 BIM 软件快速测算实际模型体积，并计算现场基坑的实际挖掘土方量。另外，通过与设计模型进行对比，还可以直观了解基坑挖掘质量等其他信息。上海中心大厦项目引入大空间 3D 激光扫描技术，通过获取复杂的现场环境及空间目标的 3D 立体信息，快速重构目标的 3D 模型及线、面、体、空间等各种带有 3D 坐标的数据，再现客观事物真实的形态特性。同时，将依据点云建立的 3D 模型与原设计模型进行对比，检查现场施工情况，并通过采集现场真实的管线及龙骨数据建立模型，作为后期装饰等专业深化设计的基础。BIM 技术与 3D 扫描技术的集成应用，不仅提高了该项目的施工质量检查效率和准确性，还为装饰等专业深化设计提供了依据。

10. BIM 技术与虚拟现实技术

虚拟现实也称为虚拟环境或虚拟真实环境，是一种三维环境技术，集先进的计算机技术、传感与测量技术、仿真技术、微电子技术等为一体，借此产生逼真的视、听、触、力等三维感觉环境，形成一种虚拟世界。虚拟现实技术是人们运用计算机对复杂数据进行的可视化操作，与传统的人机界面以及流行的视窗操作相比，虚拟现实在技术思想上有了质的飞跃。

BIM 技术的理念是建立涵盖建筑工程全生命周期的模型信息库，并实现各个阶段、不同专业之间基于模型的信息集成和共享。BIM 技术与虚拟现实技术集成应用，主要内容包括虚拟场景构建、施工进度模拟、复杂局部施工方案模拟、施工成本模拟、多维模型信息联合模拟及交互式场景漫游，目的是应用 BIM 信息库，辅助虚拟现实技术更好地在建筑工程项目全生命周期中应用。

BIM 技术与虚拟现实技术集成应用，可提高模拟的真实性。传统的二维、三维表达方式，只能传递建筑物单一尺度的部分信息，使用虚拟现实技术可展示一栋活生生的虚拟建筑物，使人产生身临其境之感。并且，可以将任意相关信息整合到已建立的虚拟场景中，进行多维模型信息联合模拟。可以实时、任意视角查看各种信息与模型的关系，指导设计、施工，辅助监理、监测人员开展相关工作。

BIM 技术与虚拟现实技术集成应用，可有效支持项目成本管控。据不完全统计，一个工程项目大约有 30% 的施工过程需要返工、60% 的劳动力资源被浪费、10% 的材料被损失浪费。不难推算，在庞大的建筑施工行业中每年约有万亿元的资金流失。BIM 技术与虚拟现实技术集成应用，通过模拟工程项目的建造过程在实际施工前即可确定施工方案的可行性及合理性，减少或避免设计中存在的大多数错误；可以方便地分析出施工工序的合理性，生成对应的采购计划和财务分析费用列表，高效地优化施工方案；还可以提前发现设计和施工中的问题，对设计、预算、进度等属性及时更新，并保证获得数据信息的一致性和准确性。二者集成应用，在很大程度上可减少建筑施工行业中普遍存在的低效、浪费和返工现象，大大缩短项目计划和预算编制的时间，提高计划和预算的准确性。

BIM 技术与虚拟现实技术集成应用，可有效提升工程质量。在施工之前，将施工过程在计算机上进行三维仿真演示，可以提前发现并避免在实际施工中可能遇到的各种问题，如管线碰撞、构件安装等，以便指导施工和制定最佳施工方案，从整体上提高建筑施工效率，确保工程质量，消除安全隐患，并有助于降低施工成本与时间耗费。

BIM 技术与虚拟现实技术集成应用，可提高模拟工作中的可交互性。在虚拟的三维场景中，可以实时地切换不同的施工方案，在同一个观察点或同一个观察序列中感受不同的施工过程，有助于比较不同施工方案的优势与劣势，以确定最佳施工方案。同时，还可以对某个特定的局部进行修改，并实时地与修改前的方案进行分析比较。另外，还可以直接观察整个施工过程的三维虚拟环境，快速查看到不合理或者错误之处，避免施工过程中的返工。

虚拟现实技术在建筑施工领域的应用将是一个必然趋势，在未来的设计、施工中的应用前景广阔，必将推动我国建筑施工行业迈入一个崭新的时代。

11. BIM 技术与 3D 打印技术

3D 打印技术是一种快速成型技术，是以三维数字模型文件为基础，通过逐层打印或粉末熔铸的方式来构造物体的技术，综合了数字建模技术、机电控制技术、信息技术、材料科学与化学等方面的前沿技术。

BIM 技术与 3D 打印技术的集成应用，主要是在设计阶段利用 3D 打印机将 BIM 模型微缩打印出来，供方案展示、审查和进行模拟分析；在建造阶段采用 3D 打印机直接将 BIM 模型打印成实体构件和整体建筑，部分替代传统施工工艺来建造建筑。BIM 技术与 3D 打印技术的集成应用，可谓两种革命性技术的结合，为建筑从设计方案到实物的过程开辟了一条"高速公路"，也为复杂构件的加工制作提供了更高效的方案。目前，BIM 技术与 3D 打印技术集成应用有三种模式，即基于 BIM 的整体建筑 3D 打印、基于 BIM 和 3D 打印制作复杂构件、基于 BIM 和 3D 打印的施工方案实物模型展示。

（1）基于 BIM 的整体建筑 3D 打印。应用 BIM 进行建筑设计，将设计模型交付专用 3D 打印机，打印出整体建筑物。利用 3D 打印技术建造房屋，可有效降低人力成本，作业过程基本不产生扬尘和建筑垃圾，是一种绿色环保的工艺，在节能降耗和环境保护方面较传统工艺有非常明显的优势。

（2）基于 BIM 和 3D 打印制作复杂构件。传统工艺制作复杂构件，受人为因素影响较大，精度和美观度不可避免地会产生偏差。而 3D 打印机由计算机操控，只要有数据支撑，便可将任何复杂的异形构件快速、精确地制造出来。BIM 技术与 3D 打印技术集成进行复杂构件制作，不再需要复杂的工艺、措施和模具，只需将构件的 BIM 模型发送到 3D 打印机，短时间内即可将复杂构件打印出来，缩短了加工周期，降低了成本，且精度非常高，可以保障复杂异形构件几何尺寸的准确性和实体质量。

（3）基于 BIM 和 3D 打印的施工方案实物模型展示。用 3D 打印制作的施工方案微缩模型，可以辅助施工人员更为直观地理解方案内容，携带、展示不需要依赖计算机或其他硬件设备，还可以 360° 全视角观察，克服了打印 3D 图片和三维视频角度单一的缺点。

随着各项技术的发展，现阶段 BIM 技术与 3D 打印技术集成存在的许多技术问题将会得到解决，3D 打印机和打印材料价格也会趋于合理，应用成本下降也会扩大 3D 打印技术的应用范围，提高施工行业的自动化水平。虽然在普通民用建筑大批量生产的效率和经济方面，3D 打印建筑较工业化预制生产没有优势，但在个性化、小数量的建筑上，3D 打印的优势非常明显。随着个性化定制建筑市场的兴起，3D 打印建筑在这一领域的市场前景非常广阔。

12. BIM 技术与构件库

当前，设计行业正在进行着第二次技术变革，基于 BIM 理念的三维化设计已经被越来越多的设计院、施工企业和业主所接受，BIM 技术是解决建筑行业全生命周期管理，提高设计效率和设计质量的有效手段。国内外的 BIM 实践证明，BIM 能够有效解决行业上、下游之间的数据共享与协作问题。目前，国内流行的建筑行业 BIM 类软件均是以搭积木方式实现建模，是以构件（如 Revit 称为"族"、PDMS 称为"元件"）为基础。含有 BIM 信息的构件不但可以为工业化制造、计算选型、快速建模、算量计价等提供支撑，还为后期运营维护提供必不可少的信息数据。信息化是工程建设行业发展的必然趋势，设备数据库如果能有效地和 BIM 设计软件、物联网等融合，无论是工程建设行业运作效率的提高，还是对设备厂商的设备推广都会起到很大的促进作用。

BIM 设计时代已经到来，工程建设工业化是大势所趋，构件是建立 BIM 模型和实现工业化建造的基础，BIM 设计效率的提高取决于 BIM 构件库的完备水平，对这一重要知识资产的规范化管理和使用，是提高设计院设计效率、保障交付成果的规范性与完整性的重要方法。因此，高效的构件库管理系统是企业 BIM 化设计的必备利器。

13. BIM 技术与装配式

装配式建筑是用预制的构件在工地装配而成的建筑，是我国建筑结构发展的重要方向之一。它有利于我国建筑工业化的发展，提高生产效率节约能源，发展绿色环保建筑，并且有利于提高和保证建筑工程质量。与现代施工工法相比，装配式 PC 结构有利于绿色施工，因为装配式施工更能符合绿色施工的节地、节能、节材、节水和环境保护等要求，降低对环境的负面影响，包括降低噪声，防止扬尘，减少环境污染，清洁运输，减少场地干扰，节约水、电、材料等资源和能源，遵循可持续发展的原则。而且，装配式结构可以连续地按顺序完成工程的多个或全部工序，从而减少进场的工程机械种类和数量，消除工序衔接的停闲时间，实现立体交叉作业，减少施工人员，从而提高工效、降低物料消耗、减少环境污染，为绿色施工提供保障。另外，装配式结构在较大程度上减少建筑垃圾（占城市垃圾总量的 30% ~ 40%），如废钢筋、废铁丝、废竹木材、废弃混凝土等。

利用 BIM 技术能有效提高装配式建筑的生产效率和工程质量，将生产过程中的上下游企业联系起来，真正实现以信息化促进产业化。借助 BIM 技术三维模型的参数化设计，使图纸生成修改的效率有了很大幅度的提高，克服了传统拆分设计中的图纸量大、修改困难的难题；钢筋的参数化设计提高了钢筋设计精确性，加大了可施工性。加上时间进度的 4D 模拟，进行虚拟化施工，提高了现场施工管理的水平，降低了施工工期，减少了图纸变更和施工现场的返工，节约投资。因此，BIM 技术的使用能够为预制装配式建筑的生产提供有效帮助，使装配式工程精细化这一特点更容易实现，进而推动现代建筑产业化的发展，促进建筑业发展模式的转型。

1.4.3 从 BIM 到 CIM

随着 BIM 技术的成熟，人们对地理空间信息应用的探索日渐加深。BIM 技术的应用对于智慧城市的建设、数字城市的打造都发挥了不可或缺的作用。在建筑工程领域，一个比 BIM 更宏大的技术概念——CIM 正在兴起。CIM 作为智慧城市建设的数字化模型，不但可以还原城市过往、记录城市现状，还可以推演城市未来，进行仿真模拟，在纵向上描绘城市图景，在横向上展现建设历程。

以"身边故事"激励内心，坚定理想信念，培养担当品质

1. CIM 的由来

城市信息模型（City Information Modeling，CIM），是以城市信息数据为基数，建立起三维城市空间模型和城市信息的有机综合体。从范围上讲是大场景的 GIS 数据 + 小场景的 BIM 数据 + 物联网的有机结合。与传统基于 GIS 的数字城市相比，CIM 将数据颗粒度细化到城市单体建筑物内部的一个机电配件、一扇门，将传统静态的数字城市升级为可感知、动态在线、虚实交互的数字孪生城市，为城市敏捷管理和精细化治理提供了数据基础。

我国从 20 世纪 90 年代开始 3D GIS 的研究，第一步只实现数字化，即将建筑与场景进行数字表达，展示在屏幕上。到了 21 世纪初，数字化逐步转变为信息化，在展现的同时，也加入了属性信息和关联信息。

近年来，信息化实现了跨部门、跨学科的融合，真正将信息化技术应用到了生产生活中。在接下来的若干年中，大数据、综合管廊、海绵城市或者其他的城市信息相关的技术，都会围绕城市信息的采集和使用展开，这些就是城市信息模型的由来。

2. CIM 与智慧城市

智慧城市是指利用各种信息技术或创新概念，将城市的系统和服务打通、集成，实现信息化、工业化与城镇化深度融合，提升城市管理成效和改善市民生活质量。

智慧城市以云计算、物联网、大数据、人工智能及 AR 增强现实等一系列最新规模商用的技术，打造智慧城市的神经系统和城市大脑。GIS 与 BIM 提供了城市范围室外、室内、地上、地下一体化的多维模型数据；物联网技术提供了城市建设与运行的动态感知数据；5G（第五代移动通信）技术提供了城市数以亿计的传感设备广泛连接和数据快速传输的能力；云计算与边缘计算提供了城市数据分布式分析计算的算力；大数据技术提供了千万亿字节级城市数据存储和分析的方法；区块链技术解决了数字化时代的信任问题；人工智能技术提供了人们利用众多城市数据实现特定领域决策的数据深度分析和应用技术手段。

智慧城市涉及城市规划、城市设计、城市运营管理等各个方面。城市级的 CIM 平台将提供这个城市完整的 GIS（地理信息系统）数据、BIM 数据等城市运行的动态感知数据。另外，还提供了计算资源、数据处理算法、数据安全保障机制，是新型智慧城市的数字化基础设施。这是 CIM 平台与以往模块化的智慧城市数据平台最大的区别。

3. CIM 基础平台

2021 年 6 月，住房和城乡建设部办公厅印发《城市信息模型（CIM）基础平台技术导则》（修订版），明确指出：CIM 基础平台是在城市基础地理信息的基础上，建立建筑物、基础设施等三维数字模型，表达和管理城市三维空间的基础平台，是城市规划、建设、管理、运行工作的基础性操作平台，是智慧城市的基础性、关键性和实体性的信息基础设施。

推进城市信息模型（CIM）基础平台建设，打造智慧城市的三维数字底座，推动城市物理空间数字化和各领域数据融合、技术融合、业务融合，对于推动数字社会建设、优化社会服务供给、创新社会治理方式、推进城市治理体系和治理能力现代化均具有重要意义。

4. CIM 的实现

CIM 的实现需要如下前提：

（1）城市基础信息，包括建筑模型，模型信息，建筑个体信息，交通、土地等信息。

（2）建筑内部信息，重要的建筑内部结构和对应的建筑部件信息，包括材质、建造年限、造价、运维等信息，根据使用者权限进行权限划分，提供安防、运维能力。

（3）物联网信息，包括视频监控、测站信息、信号灯、停车场等信号信息。

BIM 是用来整合和管理建筑物全生命周期的信息，更侧重于局部单体建筑的精细表达和为城市建设管理提供单栋建筑的精确信息模型。CIM 的实现也离不开 BIM 能够提供的城市基础信息。

【学习测验】

1. 下列选项中，利用 BIM 模型进行施工过程荷载验算属于应用阶段中的（　　）。

    A. BIM 与设计　　　　　　　　　　B. BIM 与施工

    C. BIM 与造价　　　　　　　　　　D. BIM 与运维

2. 下列选项中，通过对细部工程造价信息的抽取、分析和控制，从而控制项目总造价属于 BIM 技术应用阶段中的（　　）。

    A. BIM 与设计　　　　　　　　　　B. BIM 与施工

    C. BIM 与造价　　　　　　　　　　D. BIM 与运维

3. 下列选项中，为应急管理决策与模拟，提供实时的数据访问，在没有获取足够信息的情况下，做出应急响应决策属于 BIM 技术应用阶段中的（　　）。

    A. BIM 与设计　　　　　　　　　　B. BIM 与施工

    C. BIM 与造价　　　　　　　　　　D. BIM 与运维

4. 下列不属于 BIM 在招标管理方面的应用的是（　　）。

    A. 无纸化招标投标　　　　　　　　B. 整合招标投标文件

    C. 经济指标的控制　　　　　　　　D. 项目计划阶段，对工程造价进行预估

5. 下列关于 BIM 运维协调功能中，可处理地下污水管的相对位置，便于管网维修的功能是（　　）。

    A. 节能减排管理协调　　　　　　　B. 应急管理协调

    C. 空间协调管理　　　　　　　　　D. 隐蔽工程协调管理

6. BIM 节能减排管理协调通过 BIM 技术＋（　　）的应用，使日常能源管理监控变得更加方便。

    A. 物联网技术　　B. 三维技术　　　C. 设备分析　　　D. 成本控制

7. 下列选项中，不属于 BIM 预施工作用的是（　　）。

    A. 消除施工的不确定性

    B. 通过深化设计，解决设计信息中没有体现的细节问题

    C. 降低施工风险

    D. 消除施工的不可预见性

8. 下列选项中，不属于 BIM 施工深化设计作用的是（　　）。

    A. 降低施工风险

    B. 解决设计信息中没有体现的细节问题

    C. 解决设计信息中没有体现的施工细部做法

    D. 更直观地对现场施工工人进行技术交底

1.5 BIM 应用软件

1.5.1 BIM 应用软件的分类

BIM 技术的应用可通过多种软件实现，企业应根据 BIM 技术总体规划综合考虑各方面因素、项目情况及项目特点，选择合适的 BIM 应用软件，以实现其应用目标。

BIM 应用软件是指基于 BIM 技术的应用软件，也即支持 BIM 技术应用的软件。一般来讲，它应该具备面向对象、基于三维几何模型、包含其他信息和支持开放式标准 4 个特征。

BIM 应用软件按其功能可分为三类，即 BIM 基础软件、BIM 工具软件和 BIM 平台软件。

1. BIM 基础软件

BIM 基础软件是指可用于建立能为多个 BIM 应用软件所使用的 BIM 数据的软件。例如，基于 BIM 技术的建筑设计软件可用于建立建筑设计 BIM 数据，且该数据能被用在基于 BIM 技术的能耗分析软件、日照分析软件等 BIM 应用软件中。除此以外，基于 BIM 技术的结构设计软件及设备设计（MEP）软件也包含在这一大类中。目前，在实际过程中使用这类软件的例子，如美国 Autodesk 公司的 Revit 软件，其中包含建筑设计软件、结构设计软件及 MEP 设计软件；匈牙利 Graphisoft 公司的 ArchiCAD 软件等。常见 BIM 基础软件见表 1.5.1。

表 1.5.1 常见 BIM 基础软件

产品名称	厂家	专业用途	备注
Rhino+GH	Robert McNeel	建筑、结构、机电	优先级（高）
Revit	Autodesk	建筑、结构、机电	优先级（高）
Tekla Structures	Tekla	结构	优先级（中）
Bentley BIM Suite	Bentley	建筑、结构、机电	优先级（中）
Ditigal Project	Gehry Technologies	建筑、结构、机电	优先级（低）
CATIA	Dassault System	建筑、结构、机电	优先级（低）

对于一个项目或企业 BIM 核心建模软件技术路线的确定，可以考虑以下基本原则：

（1）民用建筑可选用 Autodesk Revit；

（2）工厂设计和基础设施可选用 Bentley；

（3）单专业建筑事务用选择 ArchiCAD、Revit、Bentley 都有可能成功；

（4）项目完全异形、预算比较充裕的可以选用 Digital Project。

2. BIM 工具软件

BIM 工具软件是指利用 BIM 基础软件提供的 BIM 数据，开展各种工作的应用软件。例如，利用建筑设计 BIM 数据，进行能耗分析的软件、进行日照分析的软件、生成二维图纸的软件等。目前，实际过程中使用这类软件的例子，如美国 Autodesk 公司的 Ecotect 软件、我国的软件厂商开发的基于 BIM 技术的成本预算软件等。有的 BIM 基础软件除提供用于建模的功能外，还提供了其他一些功能，所以，本身也是 BIM 工具软件。例如，上述 Revit 软件还提供了生成二维图纸等功能，所以，它既是 BIM 基础软件，也是 BIM 工具软件，如图 1.5.1 所示。

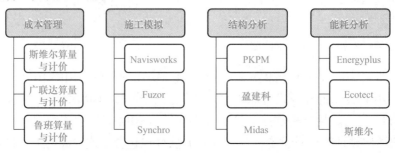

图 1.5.1　BIM 工具软件

3. BIM 平台软件

BIM 平台软件是指能对各类 BIM 基础软件及 BIM 工具软件产生的 BIM 数据进行有效的管理，以便支持建筑全生命期 BIM 数据的共享应用的应用软件。该类软件一般为基于 Web 的应用软件，能够支持工程项目各参与方及各专业工作人员之间通过网络高效地共享信息。

BIM 平台软件是单点应用类软件的集成，以协同和综合应用为主，针对不同的应用点以及 BIM 目标，综合选取适合的 BIM 平台软件，将有效提高项目管理效率、降低施工成本、保证工程进度。在技术应用层面，BIM 平台的特点为着重于数据整合及操作，主要的平台软件有 Navisworks、Takla、广联达 BIM5D、鲁班 MC 等；在项目管理层面，BIM 平台主要着重于信息数据交流，主要的平台软件有 Autodesk BIM 360、Vault、Autodesk Buzzsaw、Trello 等；在企业管理层面，着重于决策及判断是其特点，主要的平台软件有宝智坚思 Greata、Dassault Enovia 等，如图 1.5.2 所示。

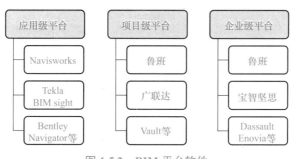

图 1.5.2　BIM 平台软件

　　目前，Revit、Navisworks、Tekla、ArchiCAD 是国内应用比较广泛的软件。随着 BIM 的发展，在单项应用方面的 BIM 软件数量有明显的增长趋势，同时 BIM 综合数据管理和应用的软件数量也在增加，BIM 应用不仅在广度和深度上扩展，而且开始呈现从单项应用向综合应用发展的趋势。

1.5.2　BIM 建模软件的选择

　　目前，国内外常用 BIM 技术相关软件有几十种之多，其中，国产软件的功能已经基本能够涵盖设计、施工及运维阶段的功能应用。2018 年，住房和城乡建设部针对"十三五"信息化的落实情况，对国内有代表性的一些软件公司的 BIM 技术产品进行了调研，调研结果反映出，国内各软件企业的建模及浏览的核心程序主要基于开源代码或国外软件的二次开发，国内软件在 BIM 技术底层图形技术的基础应用支撑方面投入较少。长期使用国外软件、底层技术、数据库会造成无法摆脱的工具与数据依赖性，将来更换系统或迁移数据

以"国家战略"指引发展，提升历史使命，培养科研兴趣

均存在较大难度。调研还显示在施工算量、造价等领域，国内软件产品竞争激烈。国内软件厂商熟悉国情，市场反应及时，管理类软件对图形引擎等难度非常大的底层基础技术要求也相对较低。所以，在施工管理领域，国产软件比国外软件更具有优势。

　　BIM 应用软件众多，其中，最基础、最核心的是 BIM 建模软件。建模软件是 BIM 实施中最重要的资源和应用条件，无论是项目型 BIM 应用还是企业 BIM 实施，选择好 BIM 建模软件都是重要工作。应当指出，不同时期由于软件的技术特点和应用环境及专业服务水平的不同，选用 BIM 建模软件也有很大的差异，而软件投入又是一项投资大、技术性强，主观难于判断的工作。因此，在选用软件上应采取相应的方法和程序，以保证软件的选用符合项目或企业的需要。对具体建模软件进行分析和评估，一般经过初选、测试及评价、审核批准及正式引用等阶段。

　　以上海中心大厦项目为例，其 BIM 技术框架如图 1.5.3 所示。

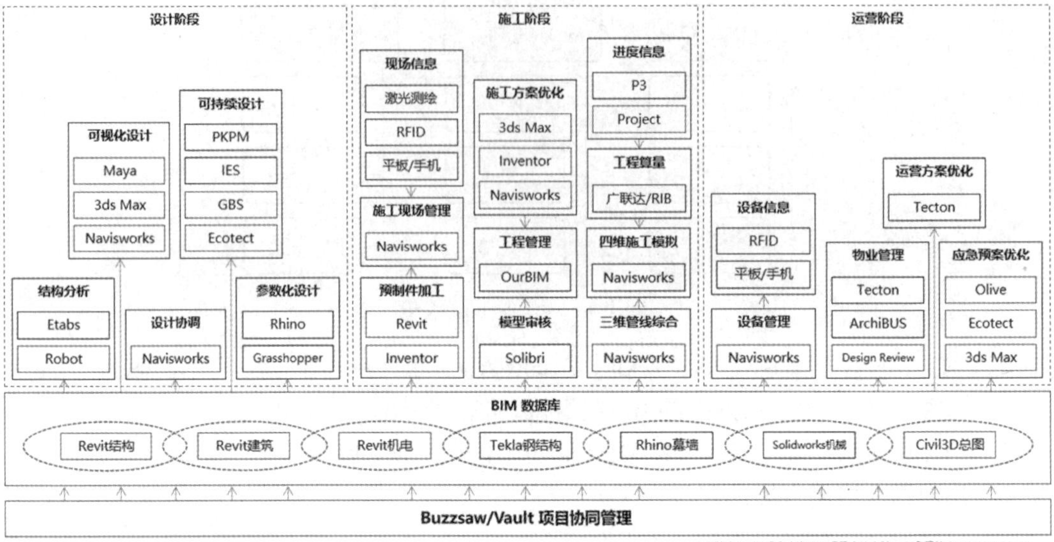

图 1.5.3 BIM 技术框架

[1]赵斌.BIM技术在上海中心项目中的实践[J].绿色建筑,2015,7(04):23-25.

∵∴ 【学习测验】

1. Autodesk Robot Structural Analysis 是一款基于有限元理论的结构分析软件。（　　）

    A．正确   B．错误

2. Green Building Studio（GBS）是 Autodesk 公司旗下的一款基于 Web 的建筑整体能耗、水资源和碳排放的 BIM 分析软件。（　　）

    A．正确   B．错误

3. Solidworks 是当今基于 NT/Windows 平台的三维机械设计软件的主流产品。（　　）

    A．正确   B．错误

4. 在整个设计及建筑施工过程中，BIM 模型的有效性可用 Solibri 软件来检查，验证是否符合完整性、质量及国家标准的要求。（　　）

    A．正确   B．错误

5. 主要用于钢结构建模的软件是（　　）。

    A．Lumion   B．Tekela   C．Fuzor   D．Navisworks

6. 下列选项不属于 BIM 核心建模软件的是（　　）。

    A．Revit Mep   B．Bentley Architecture

    C．Archi CAD   D．Sketch Up

第二章

BIM 建模流程

🖊 **学习目标**

1. 掌握 BIM 建模的一般流程；
2. 熟悉项目案例图纸；
3. 了解项目样板和族文件。

🖊 **学习导图**

创建 BIM 模型是一个从无到有的过程，而这个过程需要遵循一定的建模流程。建模流程一般需要从项目设计建造的顺序、项目模型文件的拆分方式和模型构件的构建关系等几个方面来考虑。

本章主要介绍应用 Revit 软件建立 BIM 模型时需要考虑的工作流程和建模案例情况。

2.1 建模流程

目前，国内工程项目一般都采用传统的项目流程，即"规划—设计—施工—运营"，BIM 模型也是在这个过程中不断生成、扩充和细化的。当一个项目在设计的方案阶段就生成方案模型，则之后的深化设计模型、施工图模型，甚至是施工模型都可以在此基础上深化得到。对于项目中的不同专业团队，共同协作完成 BIM 模型的建模流程一般是按先土建后机电，先粗略后精细的顺序来进行。

考虑到项目设计建造的顺序，Revit 建模流程通常如图 2.1.1 所示。首先，确定项目的轴网，也就是项目坐标。对于一个项目，不管划分成多少个模型文件，所有的模型文件的坐标必须是唯一的。只有坐标原点唯一，各个模型才能精确整合。通常，一个项目在开始以前需要先建立一个唯一的轴网文件作为该项目坐标的基准，项目成员都要以这个轴网文件为参照进行模型的建立。

需要特别说明的是，与传统 CAD 不同，Revit 软件的轴网是有三维空间关系的。所以，Revit 中的标高和轴网是有密切关系的，或者说 Revit 的标高和轴网是一个整体，通过轴网的"3D"开关控制轴网在各标高的可见性。因此，在创建项目的轴网文件时，也要建立标高，并且遵循"先建标高，再建轴线"的顺序，可以保证轴线建立后在各标高层都可见。

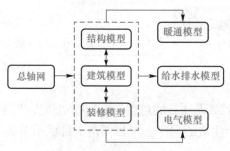

图 2.1.1 Revit 建模流程

建好轴网文件后，建筑专业人员就开始创建建筑模型，结构专业人员创建结构模型，并在 Revit 协同技术保障下进行协调。建筑和结构专业模型可以是一个 Revit 文件，也可以分成两个专业文件，或是更多更细分的模型文件，这主要根据项目的需要而定。当建筑、装修和结构模型完成后，水暖电专业人员在建筑结构模型基础上再完成各自专业的模型。

由于 BIM 模型是一个集项目信息大成的数据集合体，与传统的 CAD 应用相比，数据量要大得多，所以，很难把所有项目数据保存成一个模型文件，而需要根据项目规模和项目专业拆分成不同的模型文件。所以，建模流程还和项目模型文件的拆分方式有关，如何拆分模型文件就要考虑团队协同工作的方式。

在拆分模型过程中，要考虑项目成员的工作分配情况和操作效率。模型尽可能细分的好处是可以方便项目成员的灵活分工。另外，单个模型文件越小，模型操作效率越高。通过模型的拆分将可能产生很多模型文件，从几十到几百个文件不等，而这些文件均有一定的关联关系。这里要说明一下 Revit 的两种协同方式："工作集"和"链接"。这两种方式各有优点、缺点，但最根本的区别是："工作集"允许多人同时编辑相同模型，而"链接"是独享模型，当某个模型被打开时，其他人只能"读"而不能"改"。

从理论上讲，"工作集"是更理想的工作方式，既解决了一个大型模型多人同时分区域建模的问题，又解决了同一模型可被多人同时编辑的问题。而"链接"只解决了多人同时分区域建模的问题，无法实现多人同时编辑同一模型。但是，由于"工作集"方式在软件实现上比较复杂，故对团队的 BIM 协同能力要求很高，而"链接"方式相对简单、操作方便，使用者可以依据需要随时加载模型文件，尤其是对于大型模型在协同工作时，性能表现较好，特别是在软件的操作响应上。

另外，Revit 建模流程还与模型构件的构建关系有关。

作为 BIM 软件，Revit 将建筑构件的特性和相互的逻辑关系放到软件体系中，提供了常用的构件工具，如"墙""柱""梁""风管"等。每种构件都具备其相应的构件特性，如结构墙或结构柱是要承重的，而建筑墙或建筑柱只起围护作用。一个完整的模型构件系统实际就是整个项目的分支系统的表现，模型对象之间的关系遵循实际项目中构件之间的关系，如门窗，它们只能建立在墙体之上，如果删除墙，放置在其上的门窗也会被一起删除，所以，建模时要先建墙体再放门窗。如消火栓的放置，如果该族为一个基于面或基于墙来制作的族，那么放置时就必须有一个面或一面墙作为基准才能放置，建模时也要按这个顺序来建。

建模流程是灵活和多样的，不同的项目要求、不同的 BIM 应用要求、不同的工作团队都会有不同的建模流程，如何制定一个合适的建模流程既需要在项目实践中探索和总结，也需要在 BIM 项目实战中积累经验。

2.2 操作案例

2.2.1 案例概况

本书 BIM 建模案例为大学生公寓楼项目（以下简称案例项目）。案例项目总建筑面积为 2 759.80 m²，地上主体 5 层、局部 1 层，使用功能为高校内学生宿舍。总建筑高度为 16.80 m。案例项目透视效果图如图 2.2.1 所示。

图 2.2.1　透视效果图

案例项目为钢筋混凝土框架结构。安全等级为二级，设计使用年限为 50 年，抗震设防烈度为 7 度。

本书将按常规的建模流程，通过案例项目模型的创建过程来讲解 Revit 软件的操作方法。为方便教学，本书采用根据项目的施工图创建项目模型的方式。这种方式比较简单，也比较适合初学者学习软件的操作。项目所有专业的施工图纸电子版（CAD 图纸），请读者进入 QQ 群（325115904）共享文件下载，建议在开始学习建模前，先识读施工图，正确理解项目设计意图，以便更好地理解建模流程和方法。

2.2.2　项目样板和族文件

为便于统一项目标准，在建模开始之前，项目负责人一般需准备好项目的样板和族文件。本书中，为了便于初学者理解，采用的是 Revit 软件自带的项目样板和族文件。除 Revit 软件自带的族文件外，QQ 群（325115904）共享文件里提供了项目模型中会用到的族文件。在建模过程中，可以直接调取现有的族文件使用，也可以按第六章讲解的方法自行创建族文件。

2.2.3　模型文件

案例项目将 BIM 模型按专业划分为"建筑""结构""装修"三个模型文件，每个专业内部不再划分子模型文件。

根据项目特点和教学要求，对各专业的建模内容进行了基本的设定，这种模型划分方式主要从创建项目模型角度出发，并未考虑过多设计和专业协同的应用环境，初学者可以通过这种简单的方式尽快熟悉并掌握软件的操作。每个章节都按此划分方式分别讲解各专业模型的创建方法，各专业模型之间可采用链接方式互相参照，可组合成一个项目模型文件。

案例模型在线查看

第 三 章

Revit 基础操作

学习目标

1. 熟悉 Revit 软件基础操作命令；
2. 了解 Revit 常用术语；
3. 掌握 Revit 常规操作。

学习导图

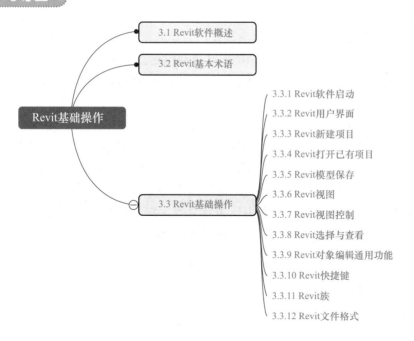

本章从 Revit 软件的基本概念讲起，通过阐述 Revit 软件的概念及术语，使读者对该软件的应用有一个初步的认识。以下对软件的界面及基础操作进行简单的介绍，如功能区命令、属性面板、项目浏览器、视图控制栏等界面模块的使用。

3.1 Revit 软件概述

Revit 是 Autodesk 公司一套系列软件的名称。Revit 软件是一个设计和记录平台，它支持建筑信息建模（BIM）所需的设计、图纸和明细表。建筑信息模型（BIM）可提供需要使用的有关项目设计、范围、数量和阶段等信息。

在 Revit 模型中，所有的图纸、二维视图和三维视图及明细表都是同一个虚拟建筑模型的信息表现形式。对建筑模型进行操作时，Revit 将收集有关建筑项目的信息，并在项目的其他全部表现形式中协调该信息。Revit 参数化修改引擎可自动协调在任何位置（模型视图、图纸、明细表、剖面和平面中）进行的修改。

Revit 软件历经多年的发展，功能也日益完善，本教材使用版本为 Revit 2019。自 2013 版开始，Autodesk 将 Revit Architecture（建筑）、Revit Structure（结构）和 Revit MEP（机电）三者合为一个整体，用户只需一次安装就可以使用三大专业的建模环境，不用再和过去一样需要安装三个软件并在三个建模环境中来回转换，使用时更加方便、高效。

Revit 软件全面创新的概念设计功能，可自由地进行模型创建和参数化设计，还能够对早期的设计进行分析。借助这些功能，可以自由绘制草图，快速创建三维模型。还可以利用内置的工具进行复杂外观的概念设计，为建造和施工准备 BIM 模型。随着设计的持续推进，Revit 软件能够围绕最复杂的形状自动构建参数化框架，并提供更高的创建控制力、精确性和灵活性。从概念模型到施工图纸的整个设计流程都可以在 Autodesk Revit 软件中完成。

Revit 软件在设计阶段的应用主要包括建筑设计、结构设计及机电深化设计三个方面。在 Revit 软件中进行建筑设计，除可以建立真实的三维模型外，还可以直接通过模型得到设计师所需要的相关信息（如图纸、表格、工程量清单等）。利用 Revit 软件的机电（系统）设计可以进行管道综合、碰撞检查等工作，更加合理地布置机电设备。另外，还可以做建筑能耗分析、水力压力计算等。结构设计师通过绘制结构模型，结合 Revit 软件自带的结构分析功能，能够准确地计算出构件的受力情况，协助工程师进行设计。

【学习测验】

1. BIM 工具软件是指利用 BIM 基础软件提供的 BIM 数据，开展各种工作的（ ）软件。

    A. 建模   B. 应用   C. 辅助   D. 存储

2．Revit 2019 定义的项目样板应用至 2016 版本时（　　）。

 A．2016 无法打开这个样板文件

 B．2016 可以打开这个文件，但文件版本会被升级

 C．2016 可以打开这个文件，但文件不会被升级

 D．2016 可以打开这个文件，但文件版本会被降级

3．以下不属于 BIM 核心建模软件的是（　　）。

 A．Revit MEP   B．Bentley Architecture

 C．Archi CAD   D．SketchUp

4．BIM 技术的核心是（　　）。

 A．所用的建模、渲染软件   B．搭建的各软件的一个协同的平台

 C．所用的优化软件   D．由计算机三维模型所形成的数据库

5．主要用于钢结构建模的软件是（　　）。

 A．Lumion   B．Tekela

 C．Fuzor   D．Navisworks

3.2　Revit 基本术语

1. 项目

项目是单个设计信息数据库模型。项目文件包含建筑的所有设计信息（从几何图形到构造数据），如建筑的三维模型、平立剖面及节点视图、各种明细表、施工图图纸及其他相关信息。项目文件也是最终完成并用于交付的文件，其后缀名为".rvt"。

2. 项目样板文件

项目样板文件即在文件中定义了新建项目默认的初始参数，如项目默认的度量单位、楼层数量的设置、层高信息、线型设置、显示设置等。相当于 AutoCAD 的 .dwt 文件，其后缀名为".rte"。

3. 族

在 Revit 软件中，基本的图形单元被称为图元。例如，在项目中建立的墙、门、窗等都被称为图元，而 Revit 软件中的所有图元都是基于族的。族既是组成项目的构件，同时也是参数信息的载体，如"桌子"作为一个族可以有不同的尺寸和材质。Revit 软件中的族分为内建族、系统族、可载入族三类，详见 3.3.11 节族的类别，族的后缀名为".rfa"。

4. 族样板

族样板是自定义可载入族的基础。Revit 软件根据自定义族的不同用途与类型，提供了多个对象的族样板文件，族样板中预定义了常用视图、默认参数和部分构件，创建族初期应根据族类型选择族样板，族样板文件后缀名为".rft"。

5. 概念体量

通过概念体量可以很方便地创建各种复杂的概念形体。概念设计完成后，可以直接将建筑图元添加到这些形状中，完成复杂模型创建。应用概念体量的这一特点，可以方便快捷地完成网架结构的三维建模的设计。

使用概念体量制作的模型还可以快速统计概念体量模型的建筑楼层面积、占地面积、外表面积等设计数据，也可以在概念体量模型表面创建生成建筑模型中的墙、楼板、屋顶等图元对象，完成从概念设计到方案、施工图设计的转换。Revit 软件提供了内建体量和体量族两种创建体量模型的方式。

【学习测验】

1．Revit 的族文件的后缀名为（　　　）。

    A．.rvp   B．.rfa

    C．.rvt   D．.rft

2．门窗、卫浴等设备都是 Revit 的"族"，关于"族"类型，以下分类正确的是（　　　）。

    A．系统族、内建族、可载入族   B．内建族、外部族

    C．可载入族、外部族   D．系统族、外部族

3．门、窗、墙属于（　　　）。

    A．施工图构件   B．模型构件   C．标注构件   D．体量构件

3.3   Revit 基础操作

Revit 虽然提供了建筑、结构、机电各专业的功能模块，用于进行专业建模和设计，但一些 Revit 基本的功能和概念是各专业通用的。本节主要讲解在用 Revit 2019 创建项目模型时，需要了解的最基本的通用功能。

3.3.1 Revit 软件启动

成功安装 Revit 2019 后，双击桌面 Revit 图标即可进入图 3.3.1 所示的启动界面。

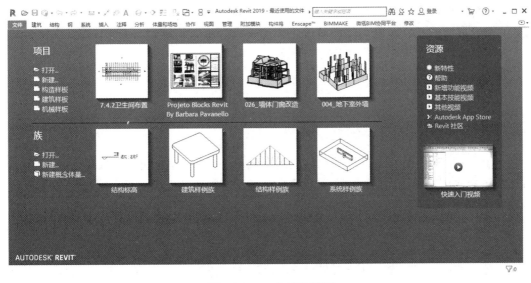

图 3.3.1　Revit 启动界面

在启动界面上，可以直接单击选择"打开"或"新建"命令或用样板创建项目文件和族文件，之前使用过的项目和族也会在界面上显示，单击可直接打开这些文件。

Revit 项目文件格式为 RVT，项目的所有设计信息都是存储在 Revit 的项目文件中的。项目文件包含建筑的所有设计信息（从几何图形到构造数据），包括建筑的三维模型、平立剖面及节点视图、各种明细表、施工图图纸及其他相关信息。

Revit 项目样板文件格式为 RTE，当在 Revit 中新建项目时，Revit 会自动以一个后缀名为".rte"的文件作为项目的初始条件。项目样板主要用于为新项目提供预设的工作环境，包括已载入的族构件及为项目和专业定义的各项设置，如单位、填充样式、线样式、线宽、视图比例和视图样板等。Revit 2019 提供了多种项目样板文件，默认放置在："C:\ProgramData\Autodesk\RVT2019\Templates\China"文件夹内。

Revit 族文件格式为 RFA，族是 Revit 中最基本的图形单元，如梁、柱、门、窗、家具、设备、标注等都是以族文件的方式来创建和保存的。可以说，"族"是构成 Revit 项目的基础。

Revit 族样板文件格式为 RFT，创建新的族时，需要基于相应的族样板文件，类似于新建项目要基于相应的项目样板文件。Revit 2019 提供了多种族样板文件，默认放置在："C:\ProgramData\Autodesk\RVT2019\FamilyTemplates\Chinese"文件夹内。

Revit 允许用户自定义自己的项目样板或族样板文件的内容，并保存为新的 RTE 和 RFT 文件。

【学习测验】

下列说法正确的是（　　　）。

A．选择样板文件时，可通过单击"浏览"按钮选择除默认外其他类型的样板文件

B．在草图绘制模式下，也可以进行项目的保存操作

C. 结构楼板的使用方式和建筑楼板的使用方式完全不同

D. 拾取墙生成楼板轮廓边界时，单击边界线上的反转符号，不可以在边界线沿墙核心层外表面或内表面间进行切换

在 Revit 启动界面，通过打开项目或族，或使用样板新建，或通过打开最近使用文件，即可进入用户界面，用户界面囊括了处理模型所需要的全部工具。Revit 用户界面如图 3.3.2 所示，各部分功能简介如下。

1. 文件选项卡

文件选项卡中提供了常用文件操作命令（如"新建""打开"和"保存"）和文件管理命令（如"导出"和"发布"）。如图 3.3.3 所示，单击"文件"选项卡弹出下拉列表，选择"最近使用的文档"命令可以查看最近打开的文件；选择"打开文档"命令可以查看所有已打开的项目文件。

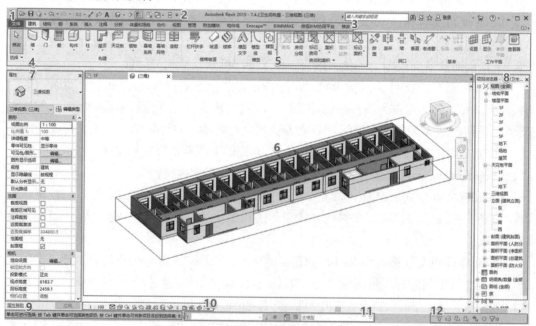

图 3.3.2　Revit 用户界面

2. 快速访问工具栏

常用工具的快捷访问栏，可以根据需要添加工具到快速访问工具栏。快速访问工具栏可以显示在功能区的上方或者下方，如图 3.3.4 所示，选择"自定义快速访问工具栏"下拉列表下方的"在功能区下方显示"即可。

图 3.3.3　文件选项卡　　　　　　　　图 3.3.4　自定义快速访问工具栏

3. 功能选项卡

Revit 的全部工具以功能选项卡的形式分类成组显示，单击任一选项卡，下方都会显示相应的工具命令，如图 3.3.5 所示，单击"视图"选项卡，下方显示相应的功能按钮。

图 3.3.5　功能选项卡

4. 功能区

创建或打开文件时，功能区会显示它提供创建项目或族所需的全部工具。

5. 功能区面板

功能区面板将功能区里的按钮分类别归纳显示。面板标题旁的下三角，表示该面板可以展开，来显示相关的工具和控件，如图 3.3.6 所示。

图 3.3.6　尺寸标注面板

面板右下角有小箭头的，单击小箭头可以打开一个与面板相关的设置窗口，如图 3.3.7 所示。

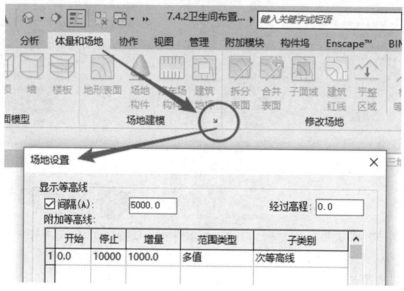

图 3.3.7　场地设置窗口

6. 绘图区域

绘图区域显示当前模型的视图、图纸和明细表。每次打开模型中的某个视图时，该视图会显示在绘图区域中。其他视图仍处于打开的状态，但是这些视图在当前视图的下面。选择"视图"选项卡"窗口"面板中的工具可以排列项目视图，使其适合于绘图者的工作方式。

绘图区域背景的默认颜色是白色，可以根据需要更改颜色：单击"文件"选项卡在弹出的下拉列表中单击"选项"按钮，在弹出的"选项"对话框中单击"图形"选项卡，在"颜色"选项组中，可以为"背景"选择所需的背景色。

7. "属性"面板

"属性"面板会显示选中构件或者当前命令的属性，当未选中任何构件或没有执行命令时，显示当前视图的属性。"属性"面板可以根据需要随时关闭和打开，关闭后，单击"修改"选项卡"属性"面板中的"属性"按钮，或单击"视图"选项卡"窗口"面板中的"用户界面"在下拉列表中勾选"属性"复选框，可以重新打开"属性"面板，如图 3.3.8 所示。

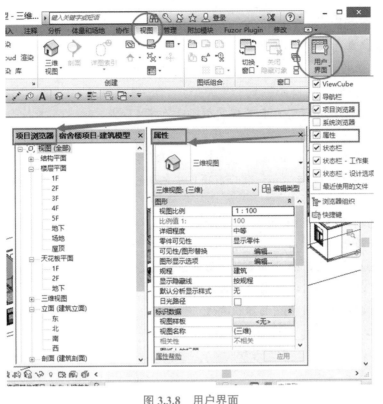

图 3.3.8　用户界面

8．项目浏览器

项目浏览器用于显示当前项目中的所有视图、明细表、图纸、组和其他部分的逻辑层次。展开和折叠各分支时，将显示下一层项目。关闭的"项目浏览器"，可以通过在图 3.3.8 所示的"用户界面"下拉列表中勾选"项目浏览器"复选框的方法打开。

9．状态栏

状态栏会提供有关要执行的操作的提示。高亮显示图元或构件时，状态栏会显示族和类型的名称。状态栏沿应用程序窗口底部显示。

10．视图控制栏

视图控制栏位于视图窗口底部，状态栏的上方，可以快速访问控制当前视图的功能。

11．工作集状态

已启用工作共享的团队项目时，显示当前项目的工作集状态。

12．选择控制栏

控制当前项目的选择状态，根据需要，打开或关闭相应的选择项。

【学习测验】

1. Revit 的界面不包括（ ）。
 A．菜单栏 　　　　　　　　　 B．绘图区
 C．工具栏 　　　　　　　　　 D．设置栏

2. 项目浏览器是用于导航和管理复杂项目的有效方式，（ ）不属于此部分功能。
 A．打开一个视图 　　　　　　 B．修改项目样板
 C．管理链接 　　　　　　　　 D．修改组类型

3. 项目浏览器用于组织和管理当前项目中包括的所有信息，下列有关项目浏览器描述错误的是（ ）。
 A．包括项目中所有视图、明细表、图纸、族、组、链接的 Revit 模型等项目资源
 B．可以对视图、族及族类型名称进行查找定位
 C．可以隐藏项目浏览器中项目视图信息
 D．可以定义项目视图的组织方式

4. 选择工具在（ ）选项卡里面。
 A．修改 　　　 B．管理 　　　 C．协作 　　　 D．分析

3.3.3 Revit 新建项目

在 Revit 软件中新建项目，可以在功能区单击"文件"选项卡→"新建"→"项目"命令，或者使用快捷键"Ctrl+N"，弹出图 3.3.9 所示的"新建项目"对话框。

在"新建项目"对话框中可以选择想要的样板文件，除了默认的"构造样板"，在下拉框中还有"建筑样板""结构样板""机械样板"可供选择，这是 Revit 软件提供的指向样板文件的快捷方式，具体所对应的样板文件可在"文件"选项卡→"选项"→"文件位置"中设置，设置界面如图 3.3.10 所示。

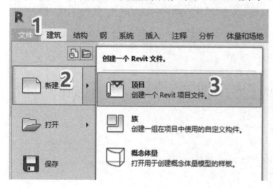
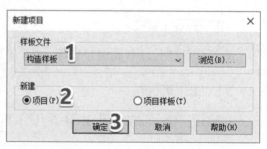

图 3.3.9　"新建项目"对话框

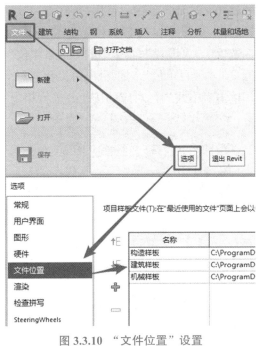

图 3.3.10 "文件位置"设置

Revit 软件默认的"构造样板"Construction-DefaultCHSCHS 包括的是通用的项目设置，如果项目中既有建筑又有结构，或者说不完全为单一专业建模，则选择"构造样板"。

"建筑样板"DefaultCHSCHS 是针对建筑专业；"结构样板"Structural Analysis-DefaultCHNCHS 是针对结构专业；"机械样板"Mechanical-DefaultCHSCHS 是针对机电全专业（包括水暖电）。如果需要机电某个单专业的样板，可以单击"新建项目"对话框（图 3.3.9）中的"浏览"按钮，在弹出的"选择样板"对话框（图 3.3.11）中选择 Electrical-DefaultCHSCHS（电气），或 plumbing-DefaultCHSCHS（水暖）专业样板。

在 Revit 启动界面，如图 3.3.12 所示，有已经默认的"构造样板""建筑样板""机械样板"，可以直接选择合适的样板新建项目。

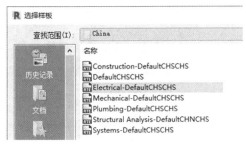

图 3.3.11 "选择样板"对话框

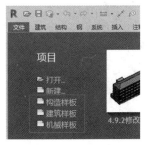

图 3.3.12 Revit 启动界面

在使用 Revit 软件初期，可以使用 Revit 软件自带的项目样板建立项目文件。当具备一定的使用经验后，就可以建立适合自己项目使用的样板。

在 Revit 软件自带样板中，一般默认项目单位为毫米（mm）。若需要查看或修改项目单位，可单击"管理"选项卡，"设置"面板中的"项目单位"按钮，弹出图 3.3.13 所示的"项目单位"对话框。在"项目单位"对话框中可以预览每个单位类型的显示格式，也可以根据项目的要求，单击"格式"栏对应的按钮，进行相应的设置。

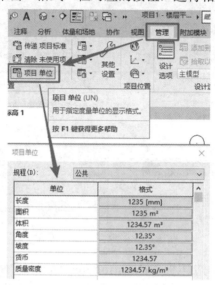

图 3.3.13 "项目单位"对话框

【学习测验】

1. 下列选项不属于项目样板建立内容的是（　　）。
   A. 族文件命名规则　　　　　　　　B. 项目文档命名规则
   C. 构件命名规则　　　　　　　　　D. 视图命名规则

2. 下列关于项目样板说法错误的是（　　）。
   A. 项目样板是 Revit 的工作基础
   B. 用户只可以使用系统自带的项目样板
   C. 项目样板包含族类型的设置
   D. 项目样板文件后缀为 .rte

3. 项目开始建模时，需要创建项目样板。一般建立项目样板需要（　　）。
   A. 确定项目文档命名规则　　　　　B. 构件命名规则
   C. 视图命名规则和族的命名规则　　D. 以上都是

4. 下列选项属于项目样板设置内容的是（　　）。
   A. 项目中构件和线的样式线及样式和族的颜色
   B. 模型和注释构件的线宽
   C. 建模构件的材质，包括图像在渲染后看起来的效果
   D. 以上都是

5. 下列选项中不属于 Revit 项目样板设置内容的是（　　）。

　　A. 语言　　　　　　　　　　　　B. 族

　　C. 项目和共享参数　　　　　　　D. 项目信息

3.3.4　Revit 打开已有项目

如图 3.3.14 所示，单击"文件"选项卡→"打开"→"项目"命令，或者使用快捷键"Ctrl+0"，在弹出的"打开"对话框中找到需要打开项目的路径，选中文件打开即可。如果仅查看某种类型的文件，可以在"打开"对话框的"文件类型"下拉列表中选择该类型，筛选需要查看的类型文件，方便查找。

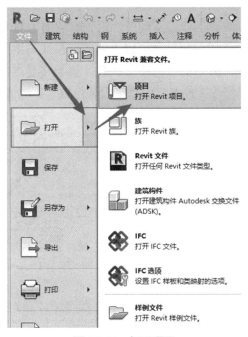

图 3.3.14　打开项目

【学习测验】

Revit 不支持导入（　　）文件。

A. Recap　　　　　　B. Revit　　　　　　C. SketchUp　　　　　　D. AutoCAD

3.3.5　Revit 模型保存

可直接单击"快速访问工具栏"中的"保存"按钮，或如图 3.3.15 所示，单击"文件"选项卡→"另存为"→"项目"命令，弹出图 3.3.16 所示的"另存为"对话框，设置好保存路径，单击"保存"按钮即可。

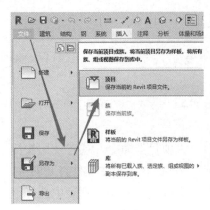

图 3.3.15　另存为项目

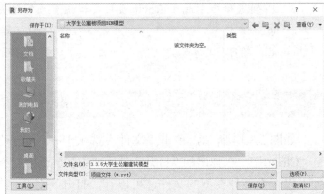

图 3.3.16　"另存为"对话框

模型保存后，会看到保存的模型文件里，附带有后缀为 001、002……的同名项目文件，此为备份文件，备份文件的数量是可以设置的，格式与主文件一样。重新打开"另存为"对话框，单击图 3.3.16 中的"选项"按钮，系统将会弹出图 3.3.17 所示的"文件保存选项"对话框，可以修改文件保存的"最大备份数"，数值不能为"0"。

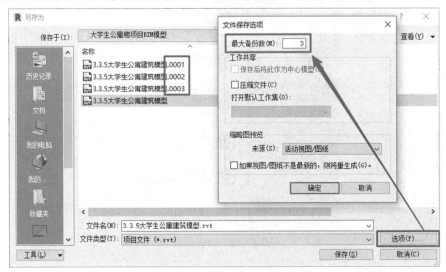

图 3.3.17　"文件保存选项"对话框

::: 【学习测验】

在默认情况下，Revit 最多为每个项目保存 3 个备份文件。可以修改 Revit 为项目保存的备份文件数。（　　）

A．正确　　　　　　　　　　　　　　　B．错误

3.3.6　Revit 视图

在 Revit 软件中，所有的平、立、剖面图的图纸都是基于模型得到的"视图"，是

建筑信息模型的表现形式。可以创建模型的不同视图，有平面视图、立面视图、剖面视图、三维视图，甚至详图、图例、明细表、图纸都是以视图方式存在的。当修改模型时，所有的视图都会自动更新。

所有的视图都会放在"项目浏览器"的"视图"目录下（图 3.3.18）。不同的项目样板都预设有不同的视图。视图可以新建、打开、复制，也可以被删除。

当打开多个视图时，可以单击"视图"选项卡"窗口"面板中的"平铺视图"按钮（图 3.3.19），对窗口进行平铺。

图 3.3.18　项目浏览器

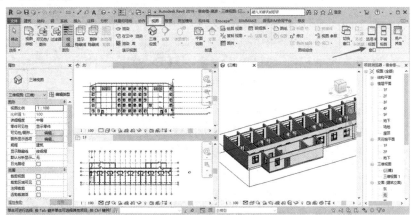

图 3.3.19　平铺窗口

【学习测验】

1．在平面视图中，图形显示选项对话框不包含（　　）。

  A．勾绘线　　　　　　　　　　　　B．模型显示

  C．背景　　　　　　　　　　　　　D．照明

2．在门的类型属性对话框中，单击左下角的预览会出现预览视图，不包含（　　）。

  A．剖面视图　　　　　　　　　　　B．立面视图

  C．天花板视图　　　　　　　　　　D．三维视图

3．在视图控制栏上的详细程度中没有（　　）。

  A．粗略　　　　B．简单　　　　C．中等　　　　D．精细

4．（　　）不属于视图显示模式。

  A．线框　　　　B．隐藏线　　　　C．渲染　　　　D．着色

3.3.7　Revit 视图控制

Revit 视图可以通过视图控制栏上的工具或视图属性面板中的参数设置不同的显示方式，这些设置都只影响当前视图。

1. 规程

下面简单介绍规程（discipline）和子规程（Sub-discipline）两个概念。在 Revit 软件中，规程一般是指按照功能或专业领域的划分，如建筑、结构、机械、电气。以下地方会用到规程：

（1）视图设置。在 Revit 项目中，可以将规程指定到视图。根据指定的规程控制视图中图元的可见性或图形外观。图 3.3.20 所示为视图属性中指定规程的地方。指定到视图的规程有以下选项：建筑、结构、机械、电气、协调，类似于设计中的专业分工。

其中，对于 MEP 项目样板或基于 MEP 项目样板创建的项目文件，视图属性中可以指定子规程。

子规程是 MEP 的项目浏览器中为父规程创建的分支（注意：子规程只针对 MEP 项目文件适用）。

MEP 样板中默认的子规程是 HVAC、卫浴、电力和照明，如有需要，用户也可以在"属性"面板中的"子规程"一栏中填入自定义的子规程名称。

（2）项目浏览器组织。如图 3.3.21 所示，右击"视图"命令，单击"浏览器组织"命令，在弹出的"浏览器组织"对话框中（图 3.3.22）勾选"类型/规程"复选框选择按照规程来组织项目浏览器。

图 3.3.20　视图属性窗口

图 3.3.21　浏览器"视图"右键菜单

图 3.3.22　"浏览器组织"对话框

在 MEP 项目文件中有子规程情况下，如设置规程为"电气"→"照明"作为子规程，则照明分支也将添加到项目浏览器的"电气"下，如图 3.3.23 所示。

（3）项目单位设定。项目单位也可以按规程指定，如图 3.3.24 所示。

图 3.3.23 项目浏览器

图 3.3.24 按规程指定项目单位

2. 可见性 / 图形替换

模型对象在视图中的显示控制可以通过"可见性 / 图形替换"进行。单击"视图"选项卡"图形"面板中的"可见性 / 图形"按钮，或单击视图"属性"面板中的"可见性 / 图形替换"后的"编辑"按钮，弹出"可见性 / 图形替换"对话框（图 3.3.25），根据项目的不同，对话框会有多个标签页，以控制不同类别的对象的显示性。在此对话框中可以通过勾选相应的类别来控制该类别在当前视图是否显示，也可以修改某个类别的对象在当前视图的显示设置，如投影或截面线的颜色、线型、透明度等。

动画 3.3.7-3 视图范围

3. 视图范围

视图"属性"面板中的"视图范围"参数是设置当前视图显示模型的范围和深度的。单击视图"属性"面板中的"视图范围"后的"编辑"按钮，即可在弹出的"视图范围"对话框中进行设置（图 3.3.26）。不同专业和视图类别对于显示范围有不同的设定。

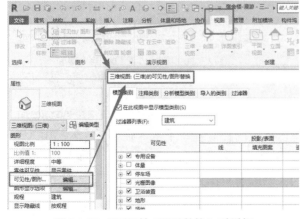

图 3.3.25 "可见性 / 图形替换"对话框

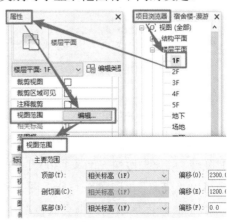

图 3.3.26 "视图范围"对话框

071

4. 视图比例

单击"视图控制栏"中的"视图比例"按钮（图 3.3.27），可以为当前视图设置视图比例。

图 3.3.27　视图控制栏

5. 详细程度

单击"视图控制栏"中的"详细程度"按钮（图 3.3.27），可以为当前视图设置"粗略""中等"或"精细"三种详细程度。

6. 视觉样式

单击"视图控制栏"中的"视觉样式"按钮（图 3.3.27），有六种不同的显示模式，可以根据需要选择。

7. 裁剪区域

裁剪区域用于定义当前视图的边界，可以在"视图控制栏"上单击"显示裁剪区域"按钮（图 3.3.28），用于显示或隐藏裁剪区域，通过拖曳控制柄可以调整裁剪区域的范围。在"视图控制栏"上单击"裁剪视图"按钮，可以选择是否裁剪视图，如图 3.3.29 所示。

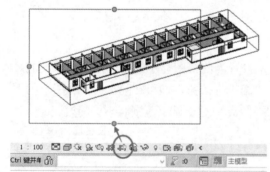

图 3.3.28　单击"显示裁剪区域"按钮

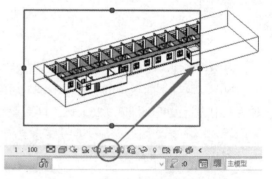

图 3.3.29　单击"裁剪视图"按钮

8. 临时隐藏 / 隔离

在当前视图中，选中任意图元后，单击"视图控制栏"上的"临时隐藏 / 隔离"按钮（图 3.3.30），可以"隔离""隐藏"所选图元，也可以"隔离""隐藏"与所选图元相同类别的所有图元。临时隐藏 / 隔离时，绘图区域的边框会蓝色高亮显示（注意：只有选中图元后，"临时隐藏 / 隔离"按钮中的"隔离""隐藏"命令才会亮显）。

动画 3.3.7-8 临时隐藏和隐藏图元

单击"临时隐藏/隔离"→"将隐藏/隔离运用到视图"按钮，可以将当前视图中临时隐藏/隔离的图元永久隐藏/隔离，绘图区域的蓝色边框会消失。右击图元在弹出的菜单中单击"在视图中隐藏"的结果和此命令一样，都是永久隐藏（注意：只有当前视图有临时隐藏/隔离的图元时，"将隐藏/隔离运用到视图"按钮才亮显）。

单击"临时隐藏/隔离"→"重设临时隐藏/隔离"按钮，可以恢复临时隐藏/隔离对象的可见性（注意：只有当前视图有临时隐藏/隔离的对象时，该按钮才亮显）。

9. 显示隐藏的图元

单击"视图控制栏"中的"显示隐藏的图元"按钮（图 3.3.31），被临时和永久隐藏的图元均以红色显示，绘图区域以红色边框显示，此时选中隐藏的图元，右击选择"取消隐藏图元"，可恢复其在视图中的可见性。

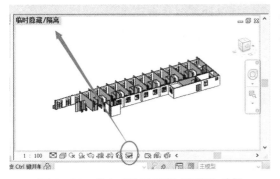

图 3.3.30 单击"临时隐藏/隔离"按钮

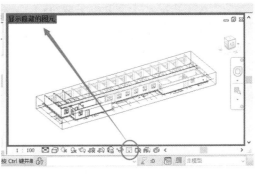

图 3.3.31 单击"显示隐藏的图元"按钮

10. 细线模式

在默认情况下，视图中的模型对象会显示线宽，若想忽略线宽，仅按细线模式显示，可以单击"视图"选项卡"图形"面板中的"细线"按钮，或单击"快速访问工具栏"中的"细线"命令，如图 3.3.32 所示。

11. 剖面框

当需要使用到剖面视图查看模型内部的时候，首先将视图切换到"三维"，然后在"属性"面板中找到"剖面框"进行勾选，如图 3.3.33 所示。

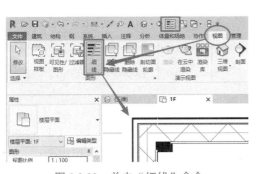

图 3.3.32 单击"细线"命令

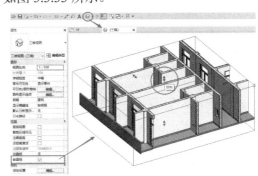

图 3.3.33 剖面框

此时，三维模型周围会出现一个"立体剖面框"，选中剖面框，剖面框周围会出现蓝色箭头。按住蓝色箭头进行拖动，即可以对模型进行剖切，剖切后如图 3.3.33 所示。

【学习测验】

1. 执行（　　）可以创建透视三维视图。
   A．工具栏上的默认三维视图的命令
   B．工具栏上的动态修改视图的命令
   C．视图设计栏的图纸视图命令
   D．视图设计栏的相机命令

2. 在 Revit 中打开默认三维视图，以及相机创建正交视图和透视图，说法正确的是（　　）。
   A．相机正交视图中右键"ViewCube"，可以切换到平行视图
   B．相机透视视图中右键"ViewCube"，可以切换到平行视图
   C．A、B 两项都对
   D．A、B 两项都错

3. 在"视图"选项卡"窗口"面板中没有提供（　　）窗口的操作命令。
   A．平铺　　　　　　B．复制　　　　　　C．层叠　　　　　　D．隐藏

4. 下列关于视图范围说法正确的是（　　）。
   A．视图主要范围"顶"可以低于"剖切面"
   B．视图主要范围"底"可以低于"视图深度"
   C．视图"剖切面"可以低于视图"底"
   D．视图主要范围"底"可以等于"视图深度"

5. 在设置视图范围中，以下说法正确的是（　　）。
   A．顶高度一定小于底高度　　　　　B．视图深度标高一定大于底标高
   C．视图深度标高一定小于底标高　　D．剖切面高度在顶高度和底高度之间

6. 当视图显示控制栏中"灯泡"图标亮起时，视图中将显示（　　）。
   A．所有使用"眼镜"图标（临时隐藏/隔离）的图元
   B．所有使用鼠标右键菜单"在视图中隐藏"的图元
   C．"眼镜"图标和鼠标右键"在视图中隐藏"中隐藏的图元
   D．所有注释图元

3.3.8　Revit 选择与查看

在 Revit 软件中，选择图元有以下多种方式。

1. 预选

只有选中图元后，用于修改绘图区域中的图元的许多控制柄和工具才可以使用。

为了帮助绘图者识别图元并将其标记为处于选中状态，Revit 软件提供了自动高亮显示功能。在绘图区域中将光标移动到图元上或图元附近时，该图元的轮廓将会高亮显示（它会以更粗的线宽显示）。图元的说明在 Revit 窗口左下方的"状态栏"中显示。在短暂的延迟后，图元说明也会在光标下的工具提示中显示。

在某个图元高亮显示时，单击选择它。在一个视图中选择了某个图元时，该选择也将应用于所有其他视图。

如果由于附近有其他图元而难以高亮显示某个特定图元，按 Tab 键可以循环切换图元，直到所需图元高亮显示为止（图 3.3.34）。状态栏会提示当前高亮显示的图元。按"Shift+Tab"键可以相反的顺序循环切换图元。

图 3.3.34　Tab 键的使用

2. 点选

用光标单击要选择的图元。按住 Ctrl 键逐个单击要选择的图元，可以选择多个；再按住 Shift 键单击已选择的图元，即可以将该图元从选择中删除。

3. 框选

将光标移动到被选择的图元旁，按住鼠标左键，从左到右拖曳光标，矩形实框能包住的图元会被选中，如图 3.3.35 所示。

按住鼠标左键，从右向左拖曳光标，与矩形虚框相交的所有图元都会被选中，如图 3.3.36 所示。同样，按 Ctrl 键可做多个选择，按 Shift 键可删除其中某个图元。

图 3.3.35　从左到右实框选择　　　图 3.3.36　从右到左虚框选择

4. 选择全部实例

先选择一个图元，单击鼠标右键，从右键菜单中选择"选择全部实例"，则所有与被选择图元相同类型的实例都被选中。在后面的下拉选项中可以选择让选中的图元在视图中可见，或是在整个项目中都可见，如图 3.3.37 所示。

在"项目浏览器"的族列表中，选择特定的族类型，右键菜单有同样的命令，可以直接选出该类型的所有实例（当前视图或整个项目），如图 3.3.38 所示。

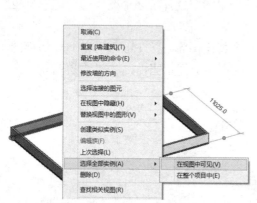

图 3.3.37　选择全部实例　　　　　图 3.3.38　族列表右键菜单

5. 过滤器

选择多种类型的图元后，单击"修改 | 选择多个"上下文选项卡"选择"面板中的"过滤器"按钮，弹出"过滤器"对话框（图 3.3.39），在其列表中勾选需要选择的类别即可。

要取消选择，则可单击绘图区域空白处，或右击选择"取消"命令，或者按 Esc 键撤销选择。

6. 查看模型

在 Revit 软件中查看默认三维视图，可单击 ViewCube 上各方位导航三维视图（图 3.3.40），快速展示对应方向的模型视图；也可以右击，在菜单列表中选择"定向到视图"。

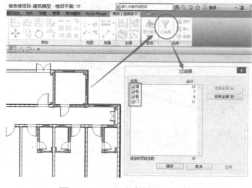

图 3.3.39　"过滤器"对话框

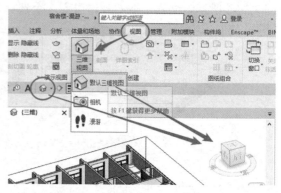

图 3.3.40　ViewCube 查看

注意：使用 ViewCube 只是改变三维视图中相机的视点位置，并不能代替项目浏览器中的立面视图。

在 Revit 软件中查看模型也可以通过以下鼠标操作来控制：

（1）按住鼠标滚轮：移动视图。

（2）滑动鼠标滚轮：放大或缩小视图。

（3）按住鼠标滚轮 +Shift 键：旋转视图，可以选中一个构件，再来操作旋转，旋转中心为选中的构件。

【学习测验】

1. 在 Revit 三维视图中，下列哪个方法无法实现旋转模型操作？（　　）

   A．拖动 ViewCube 的边或角点鼠标右键 +Ctrl 键

   B．BIM 的协调性

   C．鼠标滚轮 +Shift 键

   D．拖动 ViewCube 下列的圆环，可以在一个固定视角旋转模型

2. 选择了第一个图元之后，按住（　　）键可以继续选择添加和删除相同图元。

   A．Shift　　　　　　B．Ctrl　　　　　　C．Alt　　　　　　D．Tab

3. 选择工具在（　　）选项卡里面。

   A．修改　　　　　　B．管理　　　　　　C．协作　　　　　　D．分析

3.3.9　Revit 对象编辑通用功能

1. 对象修改

Revit 软件提供了多种对象修改工具，可用于在建模过程中，对选中对象进行相应的编辑。修改工具都放在"修改"功能选项卡下，如图 3.3.41 所示，包括对齐、偏移、镜像、移动、复制、旋转、阵列、缩放、修剪／延伸、拆分图元、间隙拆分、锁定、解锁、删除。在后面案例项目建模过程中，会详细讲解具体用法。

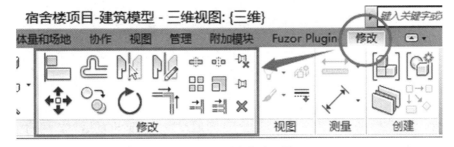

图 3.3.41　对象修改工具

2. 对象样式

模型对象的线型和线宽可以通过"对象样式"和"线宽"分别控制，由于"对象样式"和"线宽"的设置是针对模型对象的，所以会影响所有视图的显示。

（1）对象样式。单击功能区"管理"选项卡"设置"面板中的"对象 样式"按钮，弹出"对象样式"对话框（图 3.3.42）。Revit 软件分别对模型对象、注释对象等进行线型、线宽、颜色、图案等控制，但要注意的是这里的线宽所用的数值只是线宽的编号而非实际线宽。例如，墙线宽的投影是 1，其代表使用了 1 号线宽，实际线的宽度在"线宽"对话框（图 3.3.43）中设置。

动画 3.3.9-2
对象样式

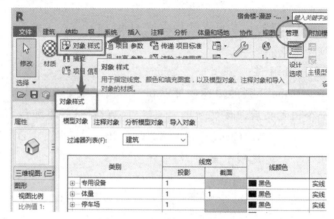

图 3.3.42 "对象样式"对话框

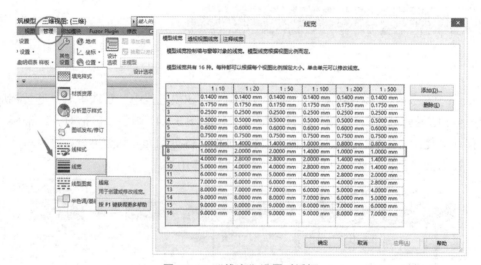

图 3.3.43 "线宽"设置对话框

要注意"对象样式"对话框与"可见性/图形替换"对话框的区别。"对象样式"的设置是针对模型对象的，而"可见性/图形替换"是控制当前视图显示的。在"可见性/图形替换"对话框（图 3.3.25）中，单击下方"对象样式"按钮也可以打开"对象样式"对话框。

（2）线宽。单击"管理"选项卡设置面板中的"其他设置"下三角按钮，在下拉列表中选择"线宽"命令，弹出"线宽"对话框（图 3.3.43）。

Revit 软件分别对"模型线宽""透视视图线宽""注释线宽"进行线宽的设置，同时，有些编号较大的线条，还对应不同的视图比例设置不同的线宽，如 8 号线宽，它在模型显示时，如果视图比例是 1∶50，其实际的线宽为 2 mm，在比例是 1∶100 时，其实际的线宽为 1.4 mm 等，可以根据需要调整、增加或删除这些参数。

【学习测验】

1. 使用"对齐"编辑命令时，要对相同的参照图元执行多重对齐，请按住（ ）键。

    A．Ctrl   B．Tab   C．Shift   D．Alt

2. 以下说法错误的是（ ）。

    A．可以在平面视图中移动、复制、阵列、镜像、对齐门窗

    B．可以在立面视图中移动、复制、阵列、镜像、对齐门窗

    C．不可以在剖面视图中移动、复制、阵列、镜像、对齐门窗

    D．可以在三维视图中移动、复制、阵列、镜像、对齐门窗

3. 以下命令对应的快捷键错误的是（ ）。

    A．复制 Ctrl+C   B．粘贴 Ctrl+V   C．撤销 Ctrl+X   D．恢复 Ctrl+Y

4. 在使用修改工具前（ ）。

    A．必须退出当前命令   B．必须切换至"修改"模式

    C．必须先选择图元对象   D．必须选择同类别图元对象

5. 使用（ ）工具可以快速实现如"在 20 m 内平均放置 5 个结构柱"的操作。

    A．移动   B．复制   C．镜像   D．阵列

3.3.10　Revit 快捷键

在使用 Revit 软件时，可以使用快捷键快速执行命令，软件已对常用命令设置了快捷键，可以直接使用。如图 3.3.44 所示，当鼠标光标移动至"墙"命令时，稍做停留，光标旁会出现提示框，提示框中括号内大写字母"WA"即"墙"的快捷键。

除使用软件默认的快捷键外，还可以自定义快捷键。单击"文件"选项卡"选项"按钮，在"选项"对话框中选择"用户界面"，如图 3.3.45 所示，单击"快捷键"后的"自定义"按钮，弹出图 3.3.46 所示的"快捷键"对话框即可进行自定义。

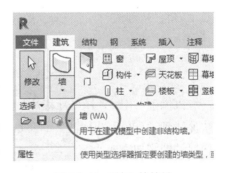

图 3.3.44　"墙"快捷键

图 3.3.45 "用户界面"对话框

图 3.3.46 "快捷键"对话框

也可以单击"视图"选项卡"窗口"面板中的"用户界面",在下拉列表中选择"快捷键"命令,弹出"快捷键"对话框,如图 3.3.47 所示。

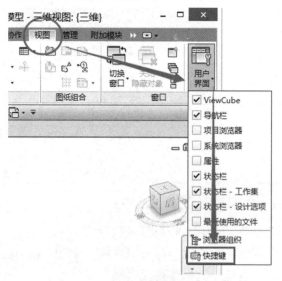

图 3.3.47 打开"快捷键"设置对话框

以添加一个"直径尺寸标注"命令的快捷键"ZJ"为例,在"搜索"框中输入"直径",快速找到"直径尺寸标注"的命令,在"按新键"框中输入"ZJ",单击"指定"按钮,快捷键即添加完成。

快捷键也可以统一导出或导入已设置好的快捷键,导出或导入的快捷键文件格式为".xml",这样可以帮助团队在使用 Revit 软件时统一快捷键。

不同于其他软件,Revit 软件使用快捷键,只需要直接在键盘上输入快捷键字母即可开始命令,不需要按空格键或 Enter 键。

【学习测验】

1. 对齐的快捷键是（　　　）。
   A. AR　　　　　　　B. AL　　　　　　　C. MM　　　　　　　D. MV
2. 移动的快捷键是（　　　）。
   A. MM　　　　　　　B. RP　　　　　　　C. PP　　　　　　　D. MV
3. 创建组的快捷键是（　　　）。
   A. GP　　　　　　　B. RP　　　　　　　C. PP　　　　　　　D. MN

3.3.11　Revit 族

Revit 的项目是由墙、门、窗、楼板、楼梯等一系列基本对象"堆积"而成，这些基本的零件称为图元。除三维图元外，包括文字、尺寸标注等单个对象也称为图元。

族是 Revit 项目的基础。Revit 的任何单一图元都由某一个特定族产生，如一扇门、一面墙、一个尺寸标注、一个图框。由一个族产生的各图元均具有相似的属性或参数，如对于一个平开门族，由该族产生的图元都可以具有高度、宽度等参数，但具体每个门的高度、宽度的值可以不同，这由该族的类型或实例参数定义决定。

1. 三种族

在 Revit 软件中，族分为系统族、可载入族和内建族三种。

（1）系统族。系统族仅能利用系统提供的默认参数进行定义，只能在项目内进行修改编辑，不能作为单个族文件载入或创建，也不能将其存成外部族文件。Revit 软件是通过专用命令使用系统族创建模型的。例如，Revit 软件中的墙、屋顶、天花板、楼板、坡道、楼梯、管道、尺寸标注等都为系统族，如图 3.3.48 所示。系统族中定义的族类型可以使用"项目传递"功能在不同的项目之间进行传递。

图 3.3.48　系统族

（2）可载入族。可载入族是指单独保存为".rfa"格式的独立族文件，且可以随时载入项目中的族。Revit 软件提供了族样板文件（RFT 格式），允许用户自定义任意形式的族。在 Revit 软件中，门、窗、结构柱、卫浴装置等均为可载入族。可载入族可以从项目文件中单独保存出来重复使用。

载入方法有两种：一种是在项目文件中，单击"插入"选项卡"从库中载入"面板中的"载入族"按钮；另一种是在族文件中，单击"载入到项目"按钮。

Revit 软件在安装时自带族库，包含建筑、结构、机电、注释等多个类型的族，这些族都是可载入族。其默认放置在："C:\programData\Autodesk\RVT2019\Libraries\China"文件夹内，如图 3.3.49 所示。

图 3.3.49 "载入族"对话框

（3）内建族。由用户在项目中直接创建的族称为内建族。内建族仅能在本项目中使用，既不能保存为单独的".rfa"格式的族文件，也不能通过"项目传递"功能将其传递给其他项目。与其他族不同，内建族仅能包含一种类型。Revit 软件不允许用户通过复制内建族类型来创建新的族类型。

内建族可以通过单击"建筑"选项卡"构建"面板中"构件"下拉列表中"内建模型"按钮来创建（图 3.3.50）。内建族主要用于在项目中需要参照其他模型的对象或是仅针对当前项目而定制的特殊对象。由于内建族比可载入族更占内存，一般建议尽量采用可载入族。

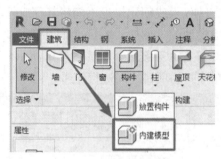

图 3.3.50 内建模型

2. 族的类别

在 Revit 软件中，"族"有类别和参数的概念。不同的类别代表不同种类的构件，在创建族时，要注意选择合适的族类别。不同的族类别也会有不同的参数定义，这些参数记录着族在项目中的尺寸、规格、材质、位置等信息。在项目中，可以通过修改这些参数改变族的尺寸和位置等，也可以根据不同的参数控制保存不同类型的族。如图 3.3.51 所示，"圆柱"和"矩形柱"都属于"柱"类别的族构件，其分别又有不同的类型，这些类型就是由不同的参数设置而得到的。

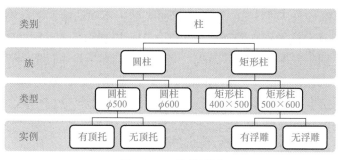

图 3.3.51　族关系图

除内建族外，每一个族包含一个或多个不同的类型，用于定义不同的对象特性。例如，对于墙来说，可以通过创建不同的族类型，定义不同的墙厚度和墙构造。每个放置在项目中的实际墙图元，称为该类型的一个实例，如图 3.3.52 所示。

Revit 软件通过类型属性参数和实例属性参数控制图元的类型或实例参数特征。同一类型的所有实例均具备相同的类型属性参数设置；而同一类型的不同实例，可以具备完全不同的实例参数设置。

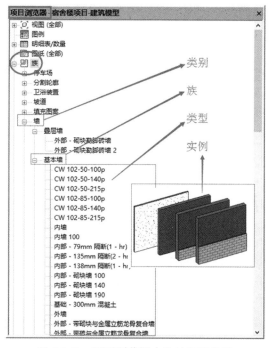

图 3.3.52　项目浏览器中族的层级关系

对于同一类型的不同墙实例，它们均具备相同的墙厚度和墙构造定义，但可以具备不同的高度、底部标高、标高等信息。修改类型属性的值会影响该族类型的所有实例，而修改实例属性时，仅影响所有被选择的实例。要修改某个实例具有不同的类型定义，必须为族创建新的族类型。例如，要将其中一个厚度 240 mm 的墙图元修改为 300 mm 厚的墙，必须为墙创建新的类型，以便在类型属性中定义墙的厚度。

可这样理解 Revit 的项目：Revit 的项目由无数个不同的族实例（图元）相互堆砌而成，而 Revit 通过族和族类别来管理这些实例，用于控制和区分不同的实例。在项目中，Revit 通过对象类别来管理这些族。因此，当某一类别在项目中设置为不可见时，隶属于该类别的所有图元均不可见。在 Revit 项目中，族类别、族、族类型、族实例之间是层层包含的关系，如图 3.3.53 所示。

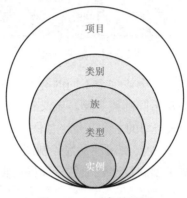

图 3.3.53　对象关系图

3. 族的参数

在 Revit 软件中，族参数分为"类型参数"和"实例参数"。当选中某个族时，其"类型参数"和"实例参数"会在"类型属性"对话框中分别列出。

（1）类型参数。同一类型的族所共有的参数称为类型参数。一旦类型参数的值被修改，则项目中所有该类型的族个体都会相应改变。例如，有一个窗族，其宽度和高度都使用类型参数进行定义，宽度类型参数为 1 200 mm，高度类型参数为 1 200 mm，在项目中使用了两个此尺寸类型的窗族。选中该窗图元，打开"类型属性"对话框（图 3.3.54），将该窗族的宽度类型参数从 1 200 mm 改为 1 500 mm，则项目中这两个窗的宽度就同时都改为 1 500 mm（图 3.3.55）。

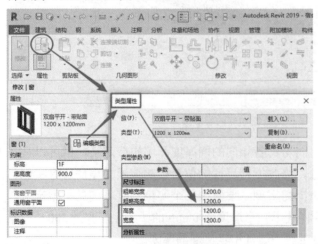

图 3.3.54　修改类型属性

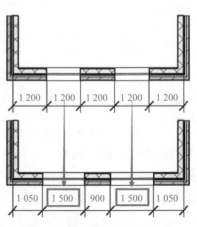

图 3.3.55　窗的类型参数改为 1 500 mm

（2）实例参数。仅影响个体、不影响同类型其他实例的参数称为实例参数。仍以窗族为例，选中某一窗图元，在实例"属性"窗口修改实例参数（图 3.3.56），当窗台高度从原来的 900 mm 改为 1 200 mm 时，其他窗的窗台高度保持不变。

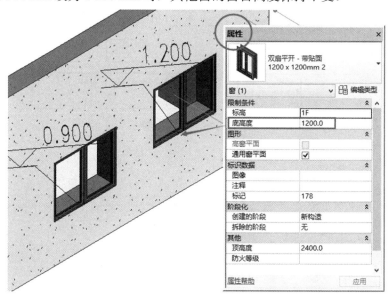

图 3.3.56　修改实例属性

4．图元行为

族是构成项目的基础。在项目中，各图元主要起以下三种作用：

（1）基准图元可帮助定义项目的定位信息，如轴网、标高和参照平面都是基准图元。

（2）模型图元表示建筑的实际三维几何图形。它们显示在模型的相关视图中，如墙、窗、门和屋顶均是模型图元。

（3）视图专有图元只显示在放置这些图元的视图中。它们可以帮助对模型进行描述或归档。例如，尺寸标注、标记和详图构件都是视图专有图元。

模型图元又分为以下两种类型：

（1）主体（或主体图元）通常在构造场地在位构建。例如，墙和楼板是主体。

（2）构件是建筑模型中其他所有类型的图元。例如，窗、门和橱柜是模型构件。

对于视图专有图元，则分为以下两种类型：

（1）标注。标注是对模型信息进行提取并在图纸上以标记文字的方式显示其名称、特性。例如，尺寸标注、标记和注释记号都是注释图元。当模型发生变更时，这些注释图元将随模型的变化而自动更新。

（2）详图。详图是在特定视图中提供有关建筑模型详细信息的二维项，如详图线、填充区域和详图构件。这类图元类似于 AutoCAD 中绘制的图块，不随模型的变化而自动变化。

如图 3.3.57 所示，列举了 Revit 软件中不同性质和作用的图元的使用方式，以供读者参考。

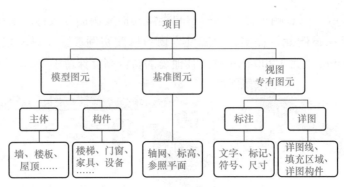

图 3.3.57　图元关系图

:::: 【学习测验】

1. 作为一款参数化设计软件，关于构件参数，以下分类正确的是（　　）。

　　A. 图元参数、类型参数

　　B. 实例参数、类型参数

　　C. 局部参数、全局参数

　　D. 实例参数、全局参数

2. 关于图元属性与类型属性的描述，下列选项中错误的是（　　）。

　　A. 修改项目中某个构件的图元属性只会改变构件的外观和状态

　　B. 修改项目中某个构件的类型属性只会改变该构件的外观和状态

　　C. 修改项目中某个构件的类型属性会改变项目中所有该类型构件的状态

　　D. 窗的尺寸标注是它的类型属性，而楼板的标高就是实例属性

3. 下列各术语之间的大小关系正确的是（　　）。

　　A. 类别＞项目＞族＞类型＞实例　　　B. 项目＞族＞类型＞类别＞实例

　　C. 项目＞类型＞族＞实例＞类别　　　D. 项目＞类别＞族＞类型＞实例

4. 下列关于 Revit 基本术语相互关系说法错误的是（　　）。

　　A. 实例是最低级　　B. 类型包含类别　　C. 工程项目是最高级　　D. 类型包含实例

3.3.12　Revit 文件格式

1. 四种基本文件格式

（1）RTE 格式。项目样板文件格式，包含项目单位、标注样式、文字样式、线型、线宽、线样式、导入／导出设置等内容。为规范设计和避免重复设置，根据用户自身需要、内部标准设置，可修改 Revit 软件自带的项目样板，也可以自定义项目样板。

（2）RVT 格式。项目文件格式，包含项目所有的建筑模型、注释、视图、图纸等项

目内容。通常基于项目样板（.rte）创建项目文件，编辑完成后保存为 RVT 文件，作为设计使用的项目文件。

（3）RFT 格式。族样板文件格式，创建不同类别的族要选择不同的族样板文件。

（4）RFA 格式。可载入族的文件格式，用户可以根据项目需要创建自己的常用族文件，以便随时在项目中调用。

2. 支持的其他文件格式

在项目设计、管理时，用户经常会使用多种设计工具、管理工具来实现自己的意图。为实现多软件环境的协同工作，Revit 软件提供了"导入""链接""导出"工具，可以支持 CAD、FBX、IFC、gbXML 等多种文件格式。用户可以根据需要进行有选择的导入和导出，如图 3.3.58 所示。

图 3.3.58　文件交换

:::• 【学习测验】

项目样板文件的扩展名是（　　　）。

A．.rfa

B．.rvt

C．.rte

D．.rft

第 四 章

建筑专业模型创建

学习目标

1. 掌握标高与轴网的创建及编辑方法；
2. 了解建筑构件的概念；
3. 熟悉 BIM 建筑专业建模的一般步骤；
4. 掌握建筑墙体、门窗、楼板、屋顶、楼梯及零星构件的实体创建和编辑方法。

学习导图

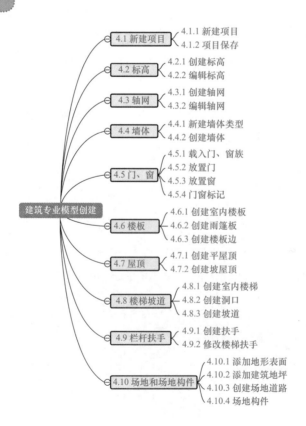

建筑专业模型创建

- 4.1 新建项目
  - 4.1.1 新建项目
  - 4.1.2 项目保存
- 4.2 标高
  - 4.2.1 创建标高
  - 4.2.2 编辑标高
- 4.3 轴网
  - 4.3.1 创建轴网
  - 4.3.2 编辑轴网
- 4.4 墙体
  - 4.4.1 新建墙体类型
  - 4.4.2 创建墙体
- 4.5 门、窗
  - 4.5.1 载入门、窗族
  - 4.5.2 放置门
  - 4.5.3 放置窗
  - 4.5.4 门窗标记
- 4.6 楼板
  - 4.6.1 创建室内楼板
  - 4.6.2 创建雨篷板
  - 4.6.3 创建楼板边
- 4.7 屋顶
  - 4.7.1 创建平屋顶
  - 4.7.2 创建坡屋顶
- 4.8 楼梯坡道
  - 4.8.1 创建室内楼梯
  - 4.8.2 创建洞口
  - 4.8.3 创建坡道
- 4.9 栏杆扶手
  - 4.9.1 创建扶手
  - 4.9.2 修改楼梯扶手
- 4.10 场地和场地构件
  - 4.10.1 添加地形表面
  - 4.10.2 添加建筑地坪
  - 4.10.3 创建场地道路
  - 4.10.4 场地构件

4.1 新建项目

4.1.1 新建项目

（1）启动 Revit 2019，进入 Revit 主页界面，如图 4.1.1 所示。

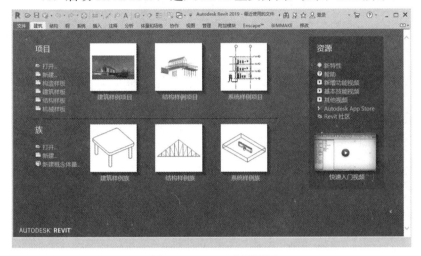

图 4.1.1　Revit 主页界面

视频 4.1　新建项目

（2）选择"建筑样板"新建项目，如图 4.1.2 所示。

（3）单击"确定"按钮，进入用户界面，如图 4.1.3 所示。

图 4.1.2　选择建筑样板

图 4.1.3　用户界面

4.1.2 项目保存

（1）进入绘图界面后，单击"文件"选项卡。

（2）在"文件"下拉列表中，执行"另存为"→"项目"命令。

（3）选择保存路径，修改文件名为"4.1 新建项目"，如图 4.1.4 所示。

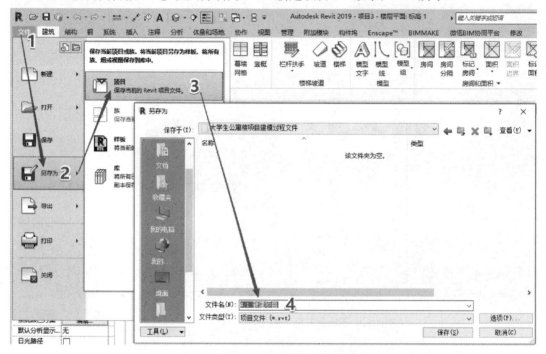

图 4.1.4 项目另存为

（4）单击"选项"按钮，弹出"文件保存选项"对话框。

（5）修改"最大备份数"为"1"，单击"确定"按钮和"保存"按钮，如图 4.1.5 所示。

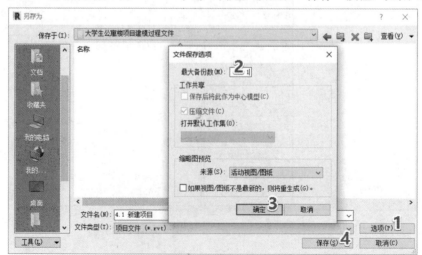

图 4.1.5 保存备份设置

【学习测验】

1. 项目保存"最大备份数"设置在（　　）命令可以实现。
   A. 文件→打开→项目　　　　　　B. 文件→另存为→选项
   C. 文件→导出→选项　　　　　　D. 文件→新建→项目
2. 下列关于项目样板说法错误的是（　　）。
   A. 项目样板是 Revit 的工作基础
   B. 用户只可以使用系统自带的项目样板进行工作
   C. 项目样板包含族类型的设置
   D. 项目样板文件后缀为 .rte

4.2　标高

标高用来定义楼层层高及生成平面视图，是建筑项目设计的第一步。下面以宿舍楼项目为例说明开始创建项目标高的具体步骤。

视频 4.2　标高

4.2.1　创建标高

1. 编辑 F1、F2 标高

（1）打开上一节创建的"4.1 新建项目"项目文件，另存为新的项目文件"4.2 标高"，进入绘图窗口，在项目浏览器中展开"视图（全部）"→"立面（建筑立面）"，双击视图名称"南"，进入南立面视图。

（2）修改项目样板默认标高 1 为 F1，标高 2 为 F2，如图 4.2.1 所示。

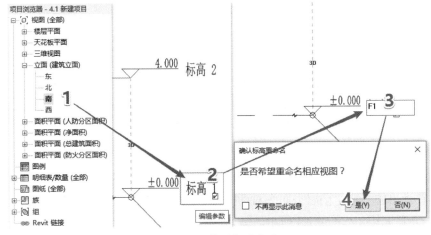

图 4.2.1　修改标高名称

（3）参照案例图纸"1-1剖面图"，修改"F2"标高为 3.300 m，如图 4.2.2 所示。

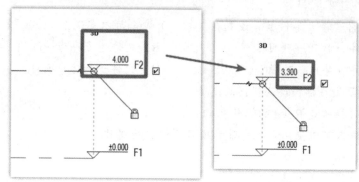

图 4.2.2　修改标高值

2．复制其他标高

（1）单击选中 F2 标高，在"修改|标高"选项卡中单击"复制"，勾选"修改|标高"→约束。

（2）参照案例图纸"1-1剖面图"，左键单击 F2 标高作为起点，将鼠标箭头垂直向上移动 3 300 mm，单击作为移动终点，复制出 F3 标高，如图 4.2.3 所示。

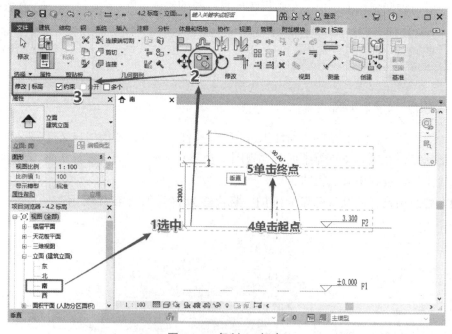

图 4.2.3　复制 F3 标高

（3）左键选中 F3 标高，确认 F2 与 F3 标高间距为 3 300，F3 标高显示为 6.6 m。

（4）单击"视图"选项卡"创建"面板"平面视图"下拉列表中的"楼层平面"按钮。

（5）在弹出的"新建楼层平面"对话框中选择 F3，单击"确定"按钮，则项目浏览器 F3 标高新建完毕，如图 4.2.4 所示。

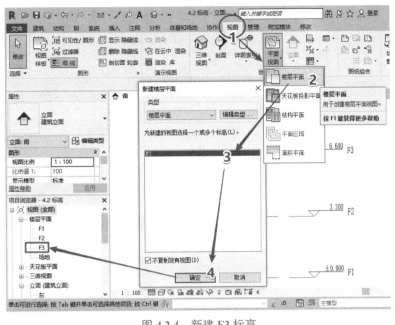

图 4.2.4　新建 F3 标高

（6）按照上述操作完成标高 F4、F5、F6、F7 及标高室外地坪，并设置标高 F4 为 9.9 m，标高 F5 为 13.2 m，标高 F6 为 16.5 m，标高 F7 为 18.31 m，标高室外地坪为 –0.3 m。

4.2.2　编辑标高

1. 修改标高类型属性

（1）选中标高"F1"，在"属性"面板中单击"编辑类型"按钮弹出"类型属性"对话框。

（2）在"类型属性"对话框中可以统一设置标高图形中的参数，也可以弹出修改标高类型、线宽、颜色、端点符号显示与否，如图 4.2.5 所示。

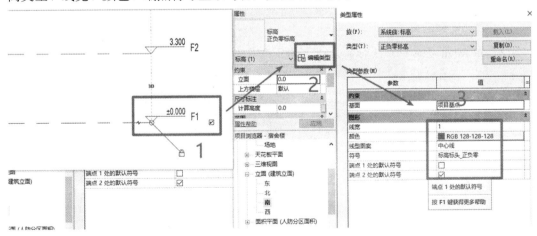

图 4.2.5　修改标高类型属性

（3）手动修改标高属性，可以直接双击标高名称进行修改，如图 4.2.6 所示。

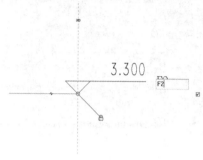

图 4.2.6　修改标高名称

2. 添加标高弯头

（1）选中标高"F1"，单击"添加弯头"符号。

（2）Revit 将为所选标高添加弯头。

（3）添加弯头后，拖动标高弯头的操作夹点，可以修改标头的位置，如图 4.2.7 所示。

（4）完成标高编辑，保存"4.2 标高"项目文件。

图 4.2.7　添加弯头

【学习测验】

1. 在（　　）视图中可以绘制标高。

　　A．平面视图　　　　　　　　　　B．天花板视图

　　C．三维视图　　　　　　　　　　D．立面视图

2. 在 Revit 软件中修改标高名称，相应视图的名称（　　）。

　　A．不会改变　　　　　　　　　　B．会改变

　　C．可选择改变或不改变　　　　　D．两者没有关联

4.3　轴网

轴网是由建筑轴线组成的网，是人为地在建筑图纸中为了标注构件的详细尺寸，按

照一般的习惯标准虚设的，习惯上标注在对称界面或截面构件的中心线上。标高创建完成后，可以切换至任意平面视图来创建和编辑轴网。

4.3.1 创建轴网

视频 4.3 轴网

1. 绘制单根轴线

（1）打开上节所创建的"4.2 标高"项目文件，另存为新的项目文件"4.3 轴网"，用鼠标双击"项目浏览器"中的"F1"进入到 F1 楼层平面视图，再单击"建筑"选项卡"基准"面板中的"轴网"按钮。

（2）单击"修改 | 放置 轴网"上下文选项卡"绘图"面板中的"直线"按钮。

（3）在 F1 平面视图中，分别单击输入起点和终点，绘制第一根轴线，编号为 1，如图 4.3.1 所示。

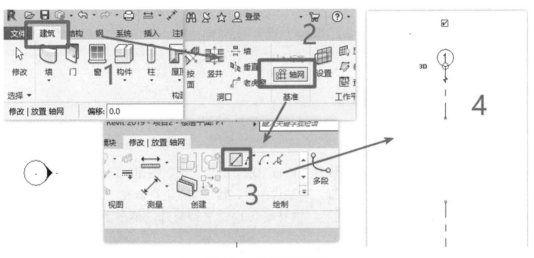

图 4.3.1　绘制单根轴线

2. 复制其他轴线

（1）参照案例图纸"一层平面图"，选中①号轴线，单击"修改"面板中的"复制"按钮，勾选"修改 | 轴网""约束""多个"。

（2）左键单击①号轴线作为起点。

（3）将鼠标箭头水平向右移动 3 200 mm，单击作为移动终点，复制出②号轴线。

（4）依次向右平移，单击复制出其他轴线，如图 4.3.2 所示。

（5）重复上述步骤（1、2），先绘制 A 轴，再复制出其余横向轴线。

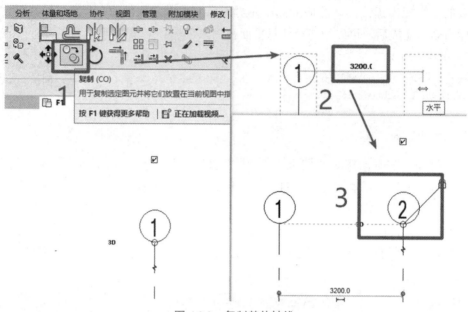

图 4.3.2　复制其他轴线

4.3.2　编辑轴网

1. 修改轴线类型属性

（1）选中①号轴线，单击"属性"面板中的"编辑类型"按钮。

（2）弹出"类型属性"对话框，对轴线中段、轴号端点进行修改。

（3）修改轴线中段为"连续"，轴号端点 1、2 全部勾选，单击"确定"按钮，如图 4.3.3 所示。

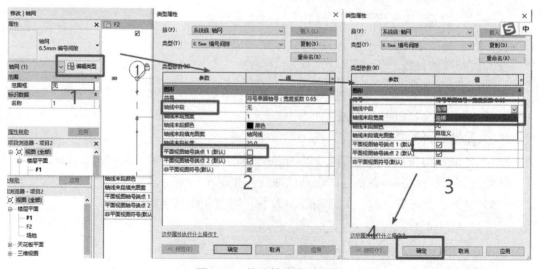

图 4.3.3　修改轴线类型属性

2. 修改轴线编号

（1）双击轴线标头可以修改轴线编号，修改所有轴线编号与图纸相对应。

（2）单击标头下方的"添加弯头"符号，Revit 软件将为所选轴线添加弯头。添加弯头后，拖动轴线弯头的操作夹点，可以修改标头的位置，如图 4.3.4 所示。

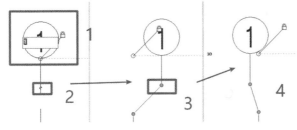

图 4.3.4　修改轴线编号

（3）编辑完毕后，轴网绘制完成，如图 4.3.5 所示。

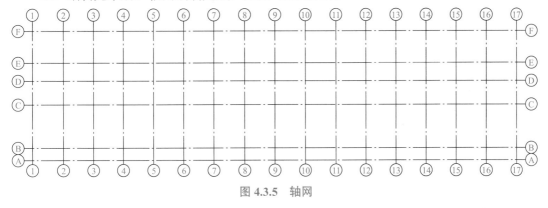

图 4.3.5　轴网

（4）完成轴网编辑，保存"4.3 轴网"项目文件。

【学习测验】

1．轴网命令是在功能区的（　　）面板中。

A．构建　　　　　　B．模型　　　　　　C．基准　　　　　　D．工作平面

2．在轴网绘制的过程中，以下说法正确的是（　　）。

A．轴线的轴号不可设置隐藏

B．轴线不能使用阵列命令进行绘制

C．轴号标头可以修改

D．轴网的线型无法改变

3．在轴网绘制完毕后，其显示情况说法正确的是（　　）。

A．轴网不会在其他平面视图中显示

B．轴网无法调整起点位置

C．轴网无法在三维平面中显示

D．轴网可在立面图中显示

4.4 墙体

在上一节中，使用 Revit 2019 的标高和轴网工具为宿舍楼项目建立了标高和轴网。从本节开始，将为宿舍楼项目创建三维模型。在 Revit 2019 中，根据不同的用途和特性，模型对象被划分为很多类别，如墙、门、窗、家具等。首先从建筑的最基本的模型构件——墙开始。

4.4.1 新建墙体类型

Revit 2019 的墙模型不仅可以显示墙形状，还将记录墙的详细做法和参数。在宿舍楼平面中，墙分为外墙和内墙两种类型。宿舍楼外墙做法如图 4.4.1 所示。本章中只绘制墙体的结构层，其余部分见后面章节。

视频：新建墙体类型

外墙/冷桥

从外到内	喷高弹外墙涂料
	5厚抗裂（防水）砂浆打底找平
	压入热镀锌钢丝网（网孔12×12）锚固栓锚固间距水平@300，垂直@600
	5厚水泥砂浆找平
	40厚复合发泡水泥板（Ⅰ型）保温层
	5厚抗裂砂浆打底
	10厚1：3水泥砂浆找平
	混凝土双排孔砌块/钢筋混凝土梁、柱

图 4.4.1 外墙做法

启动 Revit 2019，打开上节所创建的"4.3 轴网"项目文件，另存为新的项目文件"4.4 墙体"切换至 F1 楼层平面视图。

（1）单击"建筑"选项卡"构建"面板中的"墙"下拉列表中的"墙：建筑"按钮，在"属性"面板中单击"编辑类型"按钮，如图 4.4.2 所示。

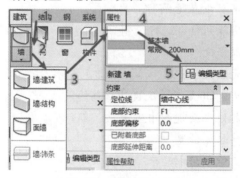

图 4.4.2 建筑墙工具

（2）在弹出的"类型属性"对话框中，选择"类型"为"常规 –200 mm"，单击"复制"按钮，将名称命名为"宿舍楼工程 –F1– 外墙"，单击"确定"按钮，再单击"结构"后的"编辑"按钮，如图 4.4.3 所示。

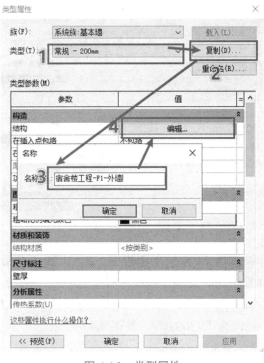

图 4.4.3　类型属性

（3）打开"编辑部件"对话框，在"层"列表中单击"材质"单元格的"按类别"按钮，弹出"材质浏览器"对话框，在左侧搜索框中输入"混凝土"，选择下方搜索到的"混凝土砌块"材质，单击鼠标右键，选择"复制"命令，以"混凝土砌块"为基础，复制重命名为"宿舍楼工程 – 混凝土砌块"，如图 4.4.4 所示。

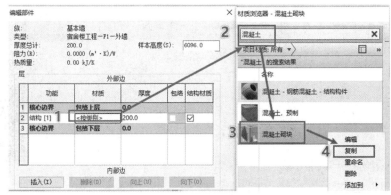

图 4.4.4　编辑部件

（4）单击"宿舍楼工程 – 混凝土砌块"，勾选右侧"图形"选项卡中的"着色"下的"使用渲染外观"复选框，如图 4.4.5 所示。

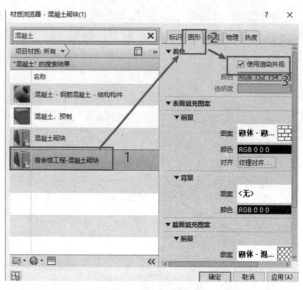

图 4.4.5　材质浏览器

（5）确认当前工作视图为 F1 楼层平面视图。Revit 2019 仍处于"修改 | 放置 墙"状态，单击"绘制"面板中的"直线"按钮，设置选项栏中的墙"高度"为"F2"；设置墙"定位线"为"核心层中心线"；勾选"链"；将偏移量设置为"0.0"；再将"属性"面板中的"底部偏移"修改为"−300.0"，如图 4.4.6 所示。

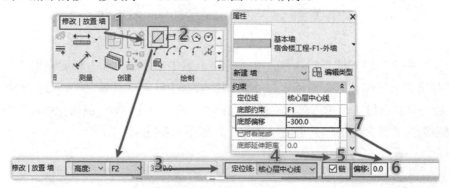

图 4.4.6　直线工具

4.4.2　创建墙体

1. 绘制宿舍楼 F1 层外墙

在绘图区域内，鼠标指针变为绘制状态，适当放大视图。

单击"属性"面板中的"编辑类型"按钮，弹出"类型属性"对话框，单击"结构"后的"编辑"按钮，弹出"编辑部件"对话框。从"编辑部件"对话框中可见墙体分为"外部边"和"内部边"，外部边朝外，内部边朝里。因此，外墙绘制时应按顺时针沿轴线

视频 4.4.2 创建墙体

绘制。若绘制错误，可通过"双向箭头"修改墙的方向。

（1）单击①轴与Ⓐ轴相交的位置作为起点，直到①轴与Ⓕ轴交点位置，单击该位置作为第 1 面墙的终点。

（2）沿Ⓕ轴向右移动鼠标指针，捕捉⑥轴与Ⓕ轴交点位置，单击该位置作为第 2 面墙的终点。

（3）沿⑥轴垂直向下移动鼠标指针，捕捉Ⓔ轴与⑥轴交点位置，单击该位置作为第 3 面墙的终点。

（4）沿⑥轴与Ⓔ轴交点向右移动鼠标指针，捕捉Ⓔ轴与⑫轴交点位置，单击该位置作为第 4 面墙的终点。

（5）沿Ⓔ轴与⑫轴交点垂直向上移动鼠标指针，捕捉Ⓕ轴与⑫轴交点位置，单击该位置作为第 5 面墙的终点。

（6）沿Ⓕ轴与⑫轴交点向右移动鼠标指针，捕捉Ⓕ轴与⑯轴交点位置，单击该位置作为第 6 面墙的终点。

（7）沿Ⓕ轴与⑯轴交点垂直移动鼠标指针，捕捉Ⓔ轴与⑯轴交点位置，单击该位置作为第 7 面墙的终点。

（8）沿Ⓔ轴与⑯轴交点向右移动鼠标指针，捕捉Ⓔ轴与⑰轴交点位置，单击该位置作为第 8 面墙的终点。

（9）沿Ⓔ轴与⑰轴交点垂直向下移动鼠标指针，捕捉Ⓐ轴与⑰轴交点位置，单击该位置作为第 9 面墙的终点。

（10）沿Ⓑ轴与①轴交点向右移动鼠标指针，捕捉Ⓑ轴与①轴交点位置，单击该位置作为第 10 面墙的终点。

最终绘制结果如图 4.4.7 所示。

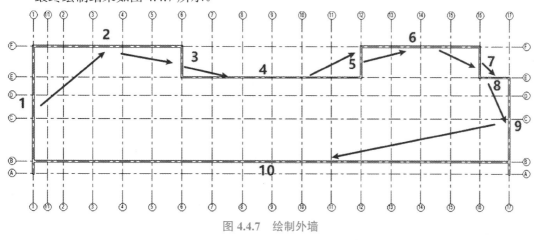

图 4.4.7　绘制外墙

（11）单击"快速访问工具栏"中的"默认三维视图"按钮，切换至默认三维视图。在"视图控制栏"中切换视图显示模式为"带边框着色"，如图 4.4.8、图 4.4.9 所示。

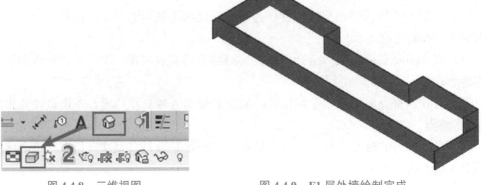

图 4.4.8　三维视图　　　　　　　　　图 4.4.9　F1 层外墙绘制完成

2. 绘制宿舍楼 F1 层内墙

完成宿舍楼 F1 层外墙绘制之后，可以使用类似的方式完成宿舍楼 F1 层内墙绘制。由于宿舍楼内墙的墙体构造与外墙不同，因此，必须先建立内墙类型，定义内墙墙体构造。此处只编辑宿舍楼内墙墙体的结构层，对于墙体面层设置，详情参见 7.1 墙面内容。

（1）单击"建筑"选项卡"构建"面板"墙"下拉列表中的"墙：建筑"按钮，在"属性"面板类型选择器中选择基本墙为"宿舍楼工程 -F1- 外墙"，单击"编辑类型"按钮，如图 4.4.10 所示。

（2）在弹出的"类型属性"对话框中单击"复制"按钮，将名称命名为"宿舍楼 -F1-内墙"，单击"确定"按钮，选择功能为"内部"，如图 4.4.11 所示。

图 4.4.10　墙体设置

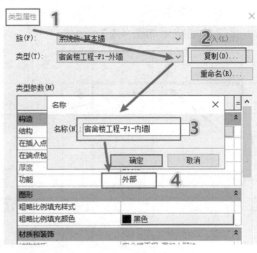

图 4.4.11　墙体类型属性

（3）单击"修改 | 放置 墙"上下文选项卡绘制面板中的"直线"按钮，将"修改 | 放置 墙"栏中的高度设置为"F2"，定位线设置为"核心层中心线"，勾选"链"，偏移量设为"0.0"，如图 4.4.12 所示。

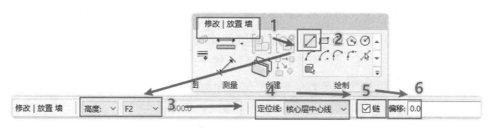

图 4.4.12 修改墙

（4）捕捉⑥轴与①轴线交点并单击，作为墙的起点，沿⑥轴水平向右移动鼠标指针，直至⑥轴与⑥轴线相交并单击；再捕捉⑥轴与⑫轴交点并单击，沿⑥轴水平向右移动鼠标指针，直至⑥轴与⑯轴线相交并单击，完成⑥轴水平内墙。沿③、⑤、⑬、⑮轴在⑥轴与⑥轴线之间绘制内墙，如图 4.4.13 所示。

（5）捕捉⑩轴与①轴线交点并单击，作为墙的起点，沿⑩轴水平方向向右移动鼠标指针，直至⑩轴与⑰轴外墙相交并单击，完成⑩轴水平内墙。

（6）捕捉①轴与⑥轴交点并单击，沿⑥轴水平向右移动鼠标指针，直至与⑭相交并单击，沿⑭轴向上移动鼠标指针，直至与⑩轴相交单击完成，再捕捉②轴与⑩轴交点，单击并向下移动鼠标指针，直至与⑧轴相交并单击，完成内墙，如图 4.4.14 所示。

（7）选中图 4.4.15 所示的墙体，切换至"修改｜墙"上下文选项卡，单击"修改"面板中的"复制"按钮，勾选"修改｜墙"中的"约束"和"多个"，如图 4.4.16 所示。再依次单击⑤、⑦、⑨、⑪、⑬、⑮轴线，复制所选择图元。完成后，按 Esc 键退出复制编辑模式。

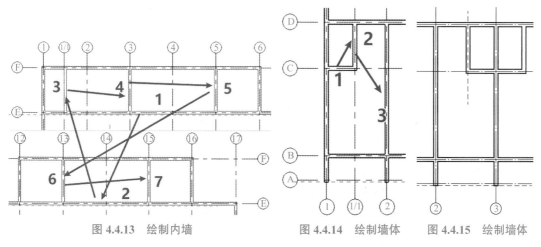

图 4.4.13 绘制内墙　　　图 4.4.14 绘制墙体　　　图 4.4.15 绘制墙体

图 4.4.16 复制墙体

（8）选中⑰轴线墙体，切换至"修改│墙"上下文选项卡，单击"对齐"按钮，勾选"多重对齐"→首选"参照墙面"，单击⑰轴线作为要对齐的线，再选择该墙体左侧墙面与之对齐，如图 4.4.17 所示。至此，完成宿舍楼 F1 层墙体绘制。

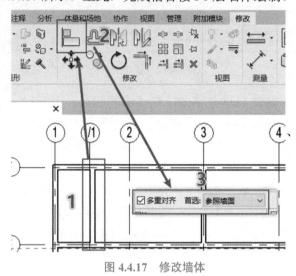

图 4.4.17　修改墙体

3. 放置建筑柱

Revit 2019 中的建筑柱是指不含钢筋混凝土、非受力构件，在项目中主要为构造需求，如混凝土柱外皮的抹灰粉刷，或者外挂石材等。Revit 2019 中的结构柱是指承重构件，一般在建筑内部，通常不需要考虑内装材料、颜色等因素。

此处建筑柱仅供建筑查看柱子的位置，具体结构建模参见 5.3 结构柱的内容，柱面装修可用建筑柱定义，具体参见 7.1 墙面的内容。

（1）宿舍楼 F1 层建筑柱。单击"建筑"选项卡"构建"面板中的"柱"下拉列表，单击"柱：建筑"按钮，设置选项栏中的柱高度为"F2"，如图 4.4.18 所示。

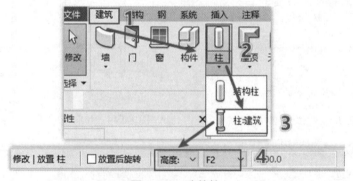

图 4.4.18　建筑柱

（2）在"属性"面板的类型选择器中选择柱类型为"矩形柱：500×500"，设置底部偏移为 –300.0 mm，如图 4.4.19 所示。移动鼠标指针至①、③、⑤、⑦、⑨、⑪、⑬、⑮、⑰轴线与B轴线相交处，单击放置建筑柱，按 Esc 键两次退出放置状态。

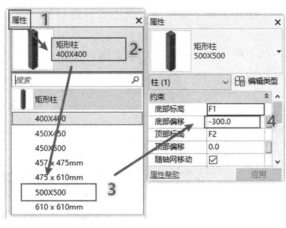

图 4.4.19 设置建筑柱

（3）单击"修改"选项卡"修改"面板中的"对齐"按钮，进入对齐编辑状态。勾选选项栏中的"多重对齐"复选框，设置首选对齐位置为"参照墙面"，如图 4.4.20 所示。

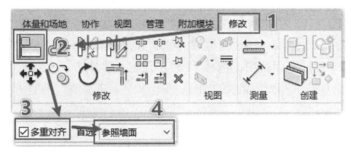

图 4.4.20 设置修改

（4）单击Ⓑ轴线上靠内的墙为内墙面位置，Revit 2019 会自动拾取该墙面，并给出蓝色对齐参考线，该位置将作为对齐目标位置。依次单击已放置柱的上侧边缘，Revit 2019 将移动柱使所选柱面与墙面对齐。重复上步命令，将①、⑰轴线上的建筑柱与①、⑰轴线墙体外侧对齐，如图 4.4.21 所示。

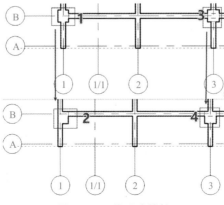

图 4.4.21 修改建筑柱

105

（5）重复对齐命令，将其余建筑柱按照图纸上的位置对齐。完成后的图形如图 4.4.22 所示，保存该文件。

至此，已完成宿舍楼 F1 层墙体绘制。接下来可以通过复制宿舍楼 F1 层外墙的方法来复制 F2 ～ F5 层外墙，并使用与创建 F1 内墙类似的方法创建 F2 ～ F5 层内墙。

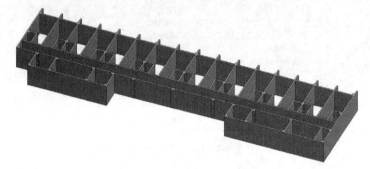

图 4.4.22　F1 层柱完成图

4. 复制宿舍楼 F2 ～ F5 层外墙

宿舍楼部分 F2 ～ F5 层外墙尺寸与 F1 层外墙完全相同，但墙外侧材质有所区别。因此，可以直接复制 F1 层墙，通过修改墙类型的方式完成 F2 ～ F5 层外墙。

（1）切换至 F1 楼层平面视图，选择 F1 层中任意一段外墙。

（2）单击鼠标右键，在弹出的菜单中选择"选择全部实例"中的"在视图中可见"命令，如图 4.4.23 所示。

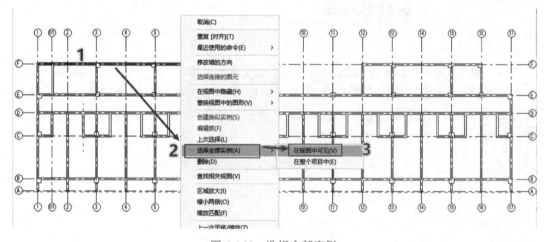

图 4.4.23　选择全部实例

（3）Revit 2019 自动切换至"修改 | 墙"上下文选项卡。单击"剪贴板"面板中的"复制到剪贴板"按钮，将所选择图元复制到剪贴板，再单击"剪贴板"面板中的"从剪贴板中粘贴"按钮，在下拉列表中单击"与选定标高对齐"按钮，弹出"选择标高"对话框，在标高列表中单击选择"F2"，单击"确定"按钮将所选的 F1 层外墙复制到 F2 层标高，如图 4.4.24 所示。

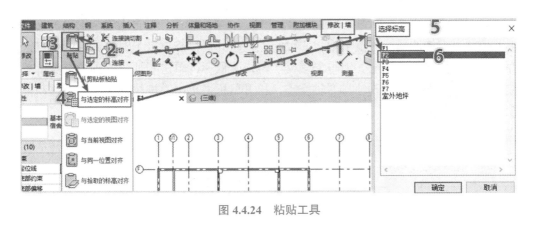

图 4.4.24　粘贴工具

（4）由于 F1 层标高中外墙"底部限制条件"设置为"室外地坪"，低于 F1 层标高 300 mm，当复制墙至 F2 层标高时，墙底部仍然低于 F2 标高 300 mm，造成与 F1 层墙重叠。因此，Revit 2019 给出图 4.4.25 所示的警告。单击"关闭"按钮关闭该对话框，不用理会该警告信息。

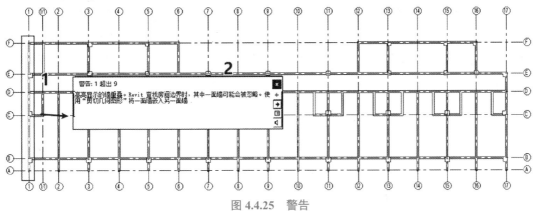

图 4.4.25　警告

（5）在"属性"面板类型选择器中选择"宿舍楼工程 -F1- 外墙"，单击"编辑类型"按钮，在弹出的"类型属性"对话框中，单击"复制"按钮，名称改为"宿舍楼工程 -F2-F5-外墙"，设置完成后单击"确定"按钮退出"类型属性"对话框。再在"属性"面板中修改实例参数的"底部偏移"值为 0.0，修改"顶部约束"为"直到标高：F3"，设置完成后单击"应用"按钮应用该设置，如图 4.4.26 所示。

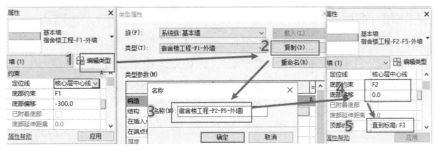

图 4.4.26　编辑属性

（6）调整墙体位置。如图 4.4.27 所示，切换至 F2 层视图，单击①轴与⑥轴的交点，单击并按住"拖拽墙端点"至①轴与⑤轴交点，松开鼠标；单击①轴与⑥轴的交点，单击并按住"拖拽墙端点"至③轴与⑥轴交点，松开鼠标；单击⑥轴与⑥轴的交点，单击并按住"拖拽墙端点"至⑤轴与⑥轴交点，松开鼠标；单击并按住⑥轴墙体，移动拖拽至⑤轴，松开鼠标。

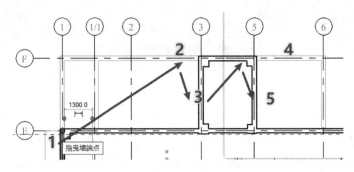

图 4.4.27　调整墙体位置（一）

（7）调整墙体位置。如图 4.4.28 所示，单击⑯轴与⑥轴的交点，单击并按住"拖拽墙端点"至⑮轴与⑥轴交点，松开鼠标；单击并按住⑯轴墙体，移动拖拽至⑮轴，松开鼠标；单击⑫轴与⑥轴的交点，单击并按住"拖拽墙端点"至⑬轴与⑥轴交点，松开鼠标；单击并按住⑫轴墙体，移动拖拽至⑬轴，松开鼠标。

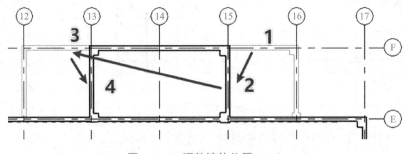

图 4.4.28　调整墙体位置（二）

（8）重复上述步骤绘制完成 F3、F4、F5 层平面墙体，并保存该文件。

5. 复制宿舍楼 F2 ～ F5 层内墙

与创建 F1 层标高内墙的方法类似，可以创建宿舍楼 F2 ～ F5 层内墙。

（1）选择与 F1 层内墙位置相同的墙体（按住 Ctrl 键依次单击）。

（2）Revit 2019 自动切换至"修改 | 墙"上下文选项卡。单击"剪贴板"面板中的"复制到剪贴板"按钮，将所选择图元复制到剪切板，再单击"剪贴板"面板中的"从剪贴板中粘贴"按钮，在下拉列表中单击"与选定标高对齐"按钮，弹出"选择标高"对话框，在标高列表中单击选择 F2、F3、F4、F5 层，单击"确定"按钮将所选择的 F1 层内墙复制到 F2、F3、F4、F5 层，如图 4.4.29 所示。

（3）与 F1 层不同的内墙，参照上述方法添加墙体。

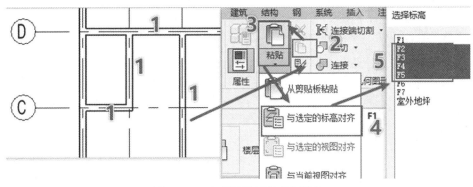

图 4.4.29　复制粘贴到其他层墙体

6. 复制宿舍楼 F2 ～ F5 层柱子

（1）参照上述方法完成 F2、F3、F4、F5 层建筑柱，完成后的建筑墙柱整体模型如图 4.4.30 所示。

（2）保存项目文件"4.4 墙体"。

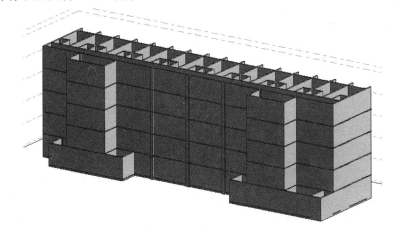

图 4.4.30　完成后的建筑墙柱整体模型

【学习测验】

1. Revit 中的系统墙族有（　　）种。

　　A. 两　　　　　　　B. 三　　　　　　　C. 四　　　　　　　D. 五

2. 在 Revit Architecture 中，使用墙体工具不能在平面视图中直接绘制的墙体形状是（　　）。

　　A. 直线　　　　　B. 弧形　　　　　C. 圆形　　　　　D. 椭圆

3. 下列对于编辑墙体轮廓说法正确的是（　　）。

　　A. 选择墙体后，在状态栏上单击"编辑轮廓"以进入草图模式编辑

　　B. 可以删除轮廓线并绘制特定的形状的轮廓

C. 如果希望将编辑的墙恢复为其原有形状，请在立面视图中选择此墙，然后单击"删除草图"

D. Revit 中用"编辑轮廓"命令编辑墙体的立面外形

4.5 门、窗

门、窗是建筑设计中最常用的构件。Revit 2019 提供了门、窗工具，用于在项目中添加门、窗图元。门、窗必须放置于墙、屋顶等主体图元上，这种依赖于主体图元而存在的构件称为"基于主体的构件"。

本节将使用门、窗构件为宿舍楼项目模型添加门、窗。在开始本节练习之前，请确保已经完成上一节中宿舍楼项目的所有墙体模型。

4.5.1 载入门、窗族

启动 Revit 2019，打开上一节所创建的"4.4 墙体"项目文件，另存为新的项目文件"4.5 门窗"，切换至 F1 楼层平面视图。首先向宿舍楼工程载入门、窗族文件。

（1）单击"建筑"选项卡"构建"面板中的"门"按钮，切换至"修改 | 放置 门"上下文选项卡，单击"标记"面板中的"在放置时进行标记"按钮，再单击"模式"面板中的"载入族"按钮，如图 4.5.1 所示。

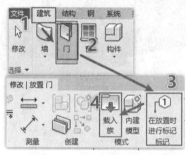

图 4.5.1　修改门属性

视频 4.5.1　载入门、窗族

（2）在弹出的"载入族"对话框中，找到"双扇推拉门—带亮窗"族，单击"打开"按钮，载入"双扇推拉门—带亮窗"族文件。单击"属性"面板的"编辑类型"按钮，弹出"类型属性"对话框，单击"复制"按钮，将名称命名为"TLM1"，修改类型参数中的高度为"2700.0"，宽度为"1800.0"，类型标记为"TLM1"，设置完成后，单击"确定"按钮，退出"类型属性"对话框，再将"属性"面板中的底高度设置为"0.0"，如图 4.5.2 所示。

（3）重复上述方法，将门洞、FHMLC1 的族文件载入项目中。

（4）其他门、窗族文件，采用 Revit 2019 自带的族文件。

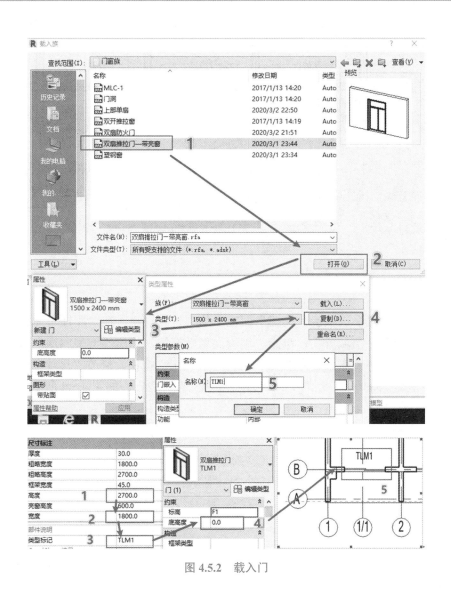

图 4.5.2　载入门

4.5.2　放置门

1. 添加一层门

切换至 F1 楼层平面视图。

（1）单击"建筑"选项卡"构建"面板中的"门"按钮，在"属性"面板类型选择器中选择"TLM1"，将鼠标移至Ⓑ轴上①～②轴之间的墙体上，单击以放置"TLM1"门图元。按 Esc 键两次退出放置状态。

（2）选中"TLM1"门图元，在"修改 | 门"临时选项卡中，单击"修改"面板中的"复制"按钮，在选项栏中勾选"约束"和"多个"，按照图纸在Ⓑ轴墙体中复制添加其余"TLM1"门图元，如图 4.5.3 所示。

视频 4.5.2 放置门

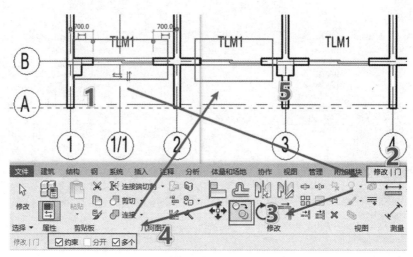

图 4.5.3　添加门

（3）单击"建筑"选项卡"构建"面板中的"门"按钮，在"属性"面板的类型选择器中选择"单扇－与墙齐"，单击"编辑类型"按钮，弹出"类型属性"对话框，单击"复制"按钮，将名称命名为"M2"，单击"确定"按钮，修改"尺寸标注"参数分组中的宽度值为 700.0，高度值为 2 100.0，类型标记"M2"，如图 4.5.4 所示。放置结果如图 4.5.5 所示。

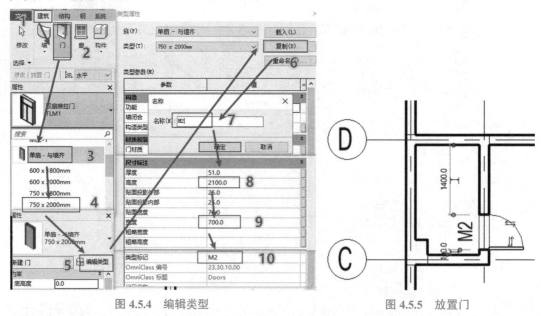

图 4.5.4　编辑类型　　　　　　　　图 4.5.5　放置门

（4）参照上述方法添加 M1、M3、M4、FHM1、FHM2、FHM3。至此，完成 F1 层标高门的布置，保存该文件。

2．布置其他层门

布置完 F1 层标高门后，可以按类似的方法布置其他层门。

（1）对于与 F1 层完全相同的门，可以选择 F1 层标高门及门标记。

（2）切换至"修改｜选择多个"上下文选项卡，单击"剪贴板"面板中的"复制到剪贴板"按钮，将所选择图元复制到剪贴板，再单击"从剪贴板中粘贴"按钮，在下拉列表中单击"与选定的视图对齐"按钮，弹出"选择视图"对话框，在列表中单击选择 F2、F3、F4、F5，如图 4.5.6 所示。

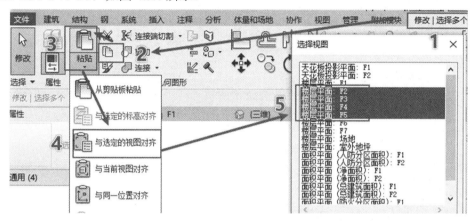

图 4.5.6　复制粘贴到其他层门

（3）与 F1 层不同的门，可以参照上一节方法将门放置进去。

放置门的操作比较简单，根据需要载入族文件，通过新建或修改族类型名称，设置正确的宽度、高度等参数，即可通过拾取墙体的方法在墙上插入门图元。接下来，将在F1 层标高中插入窗。

视频 4.5.3 放置窗

4.5.3　放置窗

1. 添加一层窗

插入窗的方法与上述插入门的方法基本相同。与门稍有不同的是，在插入窗时需要考虑窗台高度。确认当前视图为 F1 楼层平面视图。

（1）单击"建筑"选项卡"构建"面板中的"窗"按钮，在"属性"面板类型选择器中选择"双开推拉窗"，单击"编辑类型"按钮，弹出"类型属性"对话框，单击"复制"，将名称命名为"C4"，单击"确定"按钮，修改"尺寸标注"参数组中的宽度为"900.0"，高度为"900.0"，默认窗台高度为"1 800.0"，窗框材质选择"金属–铝–白色"，如图 4.5.7 所示。

（2）单击"修改｜放置 窗"上下文选项卡"标记"面板中的"在放置时进行标记"按钮，选项栏中的"引线"不勾选，如图 4.5.8 所示。将鼠标光标放置在Ⓕ轴与①～⑰轴之间的位置，单击放置。

（3）参照上述方法添加 C1、C2、C3、C4、C5、C6、C7、C8、C9 等窗。至此，完成 F1 层标高窗的布置，保存该文件。

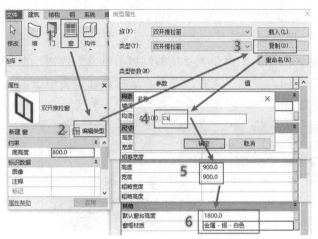

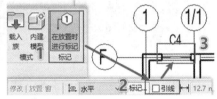

图 4.5.7　添加窗　　　　　　　　　图 4.5.8　放置窗时标记

2. 布置其他层窗

布置完 F1 层标高窗后，可以按类似的方法布置其他层窗。对于与 F1 层完全相同的窗，可以选择 F1 层窗图元，复制到剪贴板，并配合使用"对齐粘贴 / 与选定的标高对齐"的方法，对齐粘贴到其他标高相同位置。

（1）切换至 F1 层平面视图，选中"C1"窗图元，单击鼠标右键，在列表中选择"选择全部实例"→"在视图中可见"，单击"剪贴板"面板中的"复制到剪贴板"按钮，将所选择图元复制到剪切板，再单击"剪贴板"面板中的"从剪贴板粘贴"按钮，在下拉列表中单击"与选定的标高对齐"按钮，弹出"选择标高"对话框，在标高列表中单击选择 F2、F3、F4、F5，单击"确定"按钮，如图 4.5.9 所示。

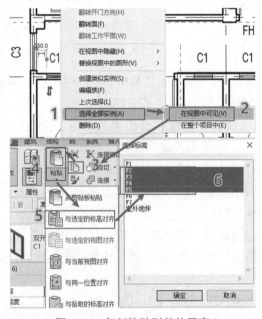

图 4.5.9　复制粘贴到其他层窗

（2）与 F1 层不同的窗，可以参照上一节方法将窗放置进去。

4.5.4　门窗标记

在添加门窗时可以自动为门窗生成门窗标记，Revit 2019 还提供了"全部标记"和"按类别标记"工具，可以在任何时候为项目重新添加门窗标记。

视频 4.5.4 门窗标记

接上节练习。切换至 F1 楼层平面视图。

（1）在"注释"选项卡的"标记"面板中单击"全部标记"命令，弹出"标记所有未标记的对象"对话框，勾选"窗标记"和"门标记"，单击"应用"按钮，如图 4.5.10 所示。

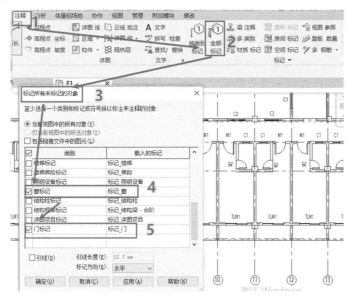

图 4.5.10　门窗标记

（2）至此，完成宿舍楼项目门窗布置。切换至三维视图，如图 4.5.11 所示。

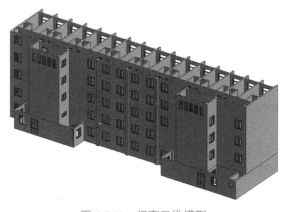

图 4.5.11　门窗三维模型

115

（3）保存项目文件"4.5 门窗"。

【学习测验】

1. 在 Revit 中门窗属于（   ）。
    A．施工图构件
    B．模型构件
    C．标注构件
    D．体量构件

2. Revit 建模时，门窗可以依托于主体图元（墙体），也可以单独建立。（   ）
    A．正确
    B．错误

3. 以下说法错误的是（   ）。
    A．可以在平面视图中移动、复制、阵列、镜像、对齐门窗
    B．可以在立面视图中移动、复制、阵列、镜像、对齐门窗
    C．不可以在剖面视图中移动、复制、阵列、镜像、对齐门窗
    D．可以在三维视图中移动、复制、阵列、镜像、对齐门窗

4.6　楼板

在上一节中，已经为宿舍楼工程创建了墙体，从本节开始，将为宿舍楼工程创建楼板。楼板是建筑设计中常用的建筑构件，用于分隔建筑各层空间。Revit 2019 提供了四种楼板，分别是建筑楼板、结构楼板、面楼板和楼板边。其中，面楼板是用于将概念体量模型的楼层面转化为楼板模型图元，该方法只能从体量创建楼板模型时使用。Revit 2019 还提供了楼板边工具，用于创建基于楼板边缘的放样模型图元。

结构楼板是为方便在楼板中布置钢筋、进行受力分析等结构专业应用而设计的，提供了钢筋保护层厚度等参数。建筑楼板与结构楼板用法相似，它们之间的区别如下：

（1）创建结构楼板会添加跨方向符号，因为在结构楼板中创建钢筋保护层时要添加跨方向符号。

（2）属性不同，结构楼板中有钢筋保护层厚度的设置，而建筑楼板没有，如图 4.6.1 所示。

（3）结构楼板有钢筋配置的选项卡，而建筑楼板没有，如图 4.6.2 所示。所以，需要添加钢筋的话，就一定要选择结构楼板。

在属性面板中勾选或取消结构选项就可以将建筑楼板和结构楼板相互转换。

由于楼板由结构层与装饰层构成，本书 5.5 节与 7.2 节已详细介绍了结构板与楼地面

的创建方法，本节只介绍建筑楼板的创建方法。

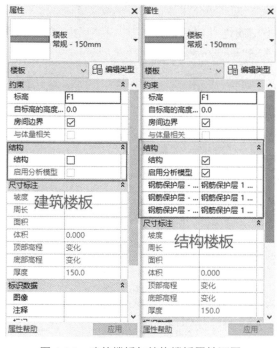

图 4.6.1　建筑楼板与结构楼板属性不同

图 4.6.2　建筑楼板与结构楼板配筋不同

4.6.1　创建室内楼板

查看建筑施工图设计说明，发现洗衣房、卫生间及阳台比相邻楼地面低 15 mm，下面将以卫生间、阳台楼板为例，介绍建筑楼板的创建方法。

视频 4.6.1　创建室内楼板

1. 新建室内楼板类型

（1）启动 Revit 2019，打开上节所创建的"4.5 门窗"项目文件，另存为新的项目文件"4.6 楼板"，切换至 F1 楼层平面视图，单击"建筑"选项卡"构建"面板中的"楼板"按钮，在下拉列表中单击"楼板：建筑"按钮，如图 4.6.3 所示。

（2）在"属性"面板的类型选择器中选择楼板类型为"常规 –150 mm"，单击"编辑类型"按钮，弹出"类型属性"对话框，单击"复制"按钮，将名称命名为"宿舍楼工程 –110 mm– 室内楼板"，单击"确定"按钮，返回"类型属性"对话框，如图 4.6.3 所示。

2. 编辑室内楼板属性

（1）单击"类型属性"对话框类型参数列表中"结构"参数后的"编辑"按钮，弹出"编辑部件"对话框。设置"结构[1]"功能层材质为"现场浇筑混凝土"，重命名该材质为"宿

117

舍楼工程－现场浇筑混凝土"，表明楼板的核心层为现场浇筑混凝土材质，修改厚度为110 mm，如图4.6.3所示。

（2）单击两个"确定"按钮退出"类型属性"对话框。

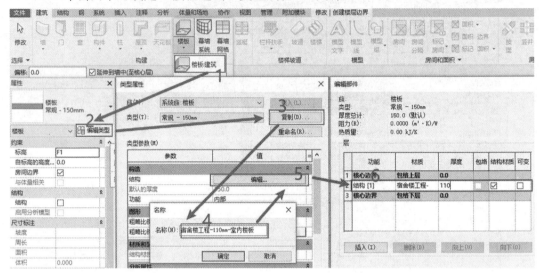

图4.6.3 "类型属性"设置

3. 绘制室内楼板边界

（1）确认"修改|创建楼层边界"上下文选项卡"绘制"面板中的绘制状态为"边界线"，单击"绘制"面板中的"矩形"按钮，绘制楼板边界轮廓，在"属性"面板中设置标高偏移值为"－15.0"，完成后单击"完成编辑模式"按钮完成楼板的创建，生成楼板，如图4.6.4所示。

需要注意的是，楼板的边界轮廓必须是封闭的，不得出现开放、交叉或重叠的情况。

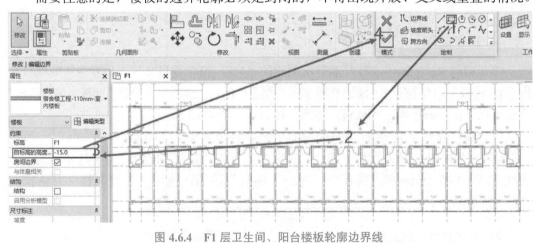

图4.6.4 F1层卫生间、阳台楼板轮廓边界线

（2）使用相同的方法绘制F2层的楼板，楼板轮廓边界如图4.6.5所示，完成后单击"完成编辑模式"按钮完成楼板的创建。

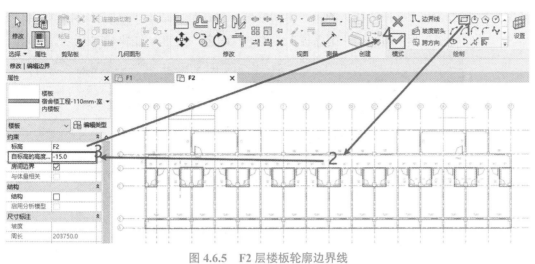

图 4.6.5　F2 层楼板轮廓边界线

（3）选择 F2 层所有楼板，使用"复制到剪贴板"命令将楼板复制到剪贴板，配合使用"与选定的标高对齐"方式粘贴到标高 F3、F4、F5、F6，如图 4.6.6 所示。

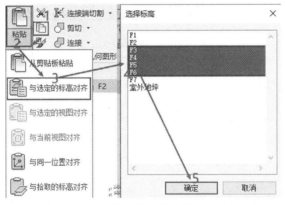

图 4.6.6　复制楼板与选定的标高对齐

4.6.2　创建雨篷板

雨篷是指设置在建筑物进出口上部的遮雨、遮阳篷。在宿舍楼工程 F2 平面图中②～④轴、⑭～⑮轴之间即为雨篷。通常将雨篷拆分为雨篷板和雨篷翻边，可以通过楼板和楼板边命令进行创建，下面介绍雨篷板的创建。

视频 4.6.2　创建雨篷板

1. 新建雨篷板类型

（1）切换至 F2 楼层平面视图，在"建筑"选项卡"构建"面板"楼板"下拉列表中选择"楼板：建筑"，如图 4.6.7 所示。

（2）在"属性"面板类型选择器中选择楼板类型为"宿舍楼工程 –110 mm– 室内楼

板"，单击"编辑类型"按钮，弹出"类型属性"对话框，单击"复制"按钮，将名称命名为"宿舍楼工程 –100 mm– 雨篷板"，单击"确定"按钮，如图 4.6.7 所示。

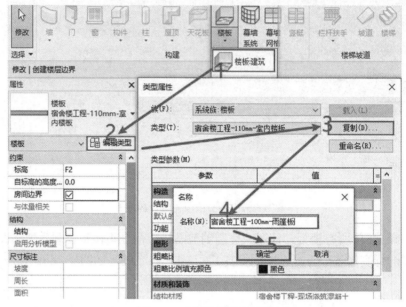

图 4.6.7　新建雨篷板类型

2. 编辑雨篷板属性

（1）单击"类型属性"对话框"结构"后的"编辑"按钮，弹出"编辑部件"对话框，修改"结构［1］"的厚度为"100"，单击"确定"按钮，返回"类型属性"对话框。

（2）在"类型属性"对话框中，修改"功能"为"外部"，单击"确定"按钮退出"类型属性"对话框。

（3）修改"属性"面板中自标高的高度为"–300.0"，如图 4.6.8 所示。

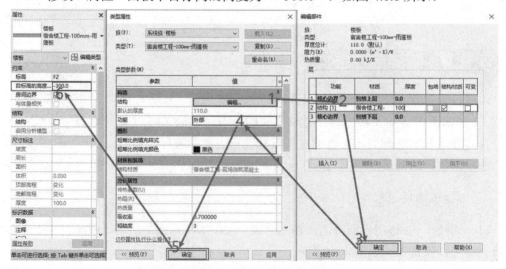

图 4.6.8　编辑雨篷板属性

3. 绘制雨篷板轮廓

（1）单击"工作平面"面板中的"参照平面"按钮，在距离墙面1 500、②～④轴之间的位置绘制参照平面，单击"绘制"面板中的"矩形"按钮绘制楼板边界轮廓，完成后单击"完成编辑模式"按钮，完成雨篷板绘制，如图4.6.9所示。

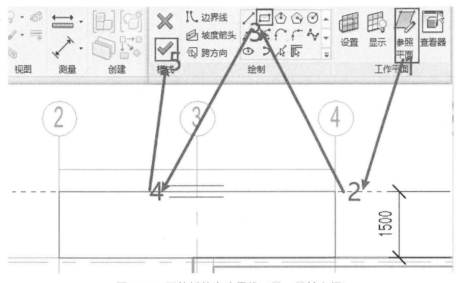

图 4.6.9　雨篷板轮廓边界线（②～④轴之间）

（2）以同样的方法绘制⑭～⑮轴之间雨篷板，具体方法不再赘述。

（3）保存项目文件。

在F1层平面图中，②～④轴、⑭～⑮轴之间的室外台阶也可拆分为平台板与台阶，平台板的创建方法同雨篷板，可参照上述方法进行创建。

4.6.3　创建楼板边

从建筑施工图中可以看出雨篷翻边是沿着楼板边缘三面布置的，下面介绍运用楼板边命令创建雨篷翻边。

1. 绘制公制轮廓

（1）单击"文件"→"新建"→"族"，在弹出的"新建－选择样板文件"对话框中选择"公制轮廓"族样板文件，单击"打开"按钮，如图4.6.10所示。

（2）在"创建"面板中单击"线"按钮，绘制图4.6.11所示的雨篷翻边轮廓。保存名为"雨篷翻边轮廓"的族文件，按照前文讲述的"载入族"的方法，将创建的族文件载入到项目，如图4.6.12所示。

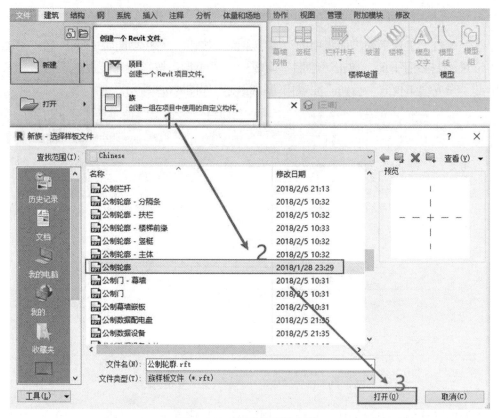

图 4.6.10 新建轮廓族文件

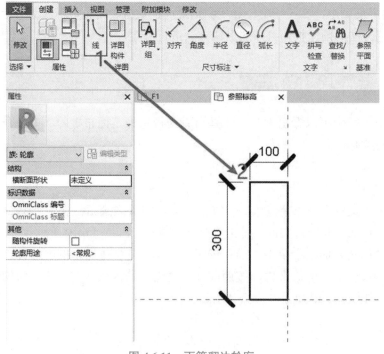

图 4.6.11 雨篷翻边轮廓

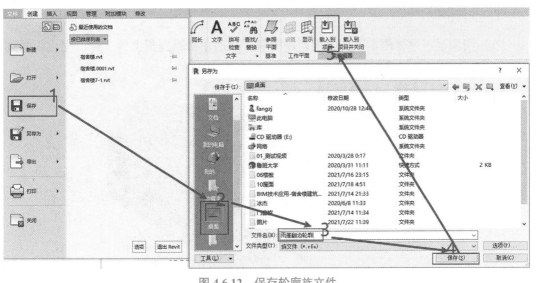

图 4.6.12　保存轮廓族文件

2. 新建楼板边类型

（1）返回项目文件，在"建筑"选项卡"构建"面板的"楼板"下拉列表中单击选择"楼板：楼板边"，单击"属性"面板中的"编辑类型"按钮，弹出"类型属性"对话框，单击"复制"按钮，将名称命名为"雨篷翻边"，如图 4.6.13 所示。

（2）将"类型属性"对话框中的"轮廓"设置为"雨篷翻边轮廓：雨篷翻边轮廓"，"材质"设置为"宿舍楼工程 – 现场浇筑混凝土"，单击"确定"按钮，完成"类型属性"设置，如图 4.6.14 所示。

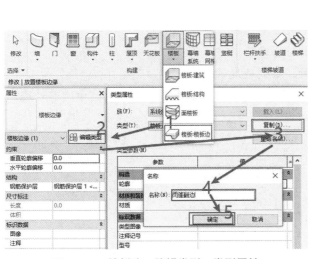

图 4.6.13　楼板边＞编辑类型＞类型属性

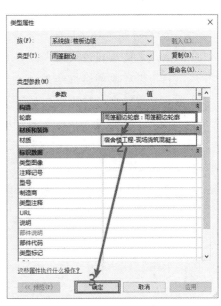

图 4.6.14　选择楼板边轮廓、材质

123

3. 放置楼板边缘

（1）切换至三维视图，适当放大雨篷位置，依次单击雨篷板上侧三边，完成雨篷翻边的创建，如图 4.6.15 所示。

（2）保存项目文件"4.6 楼板"。

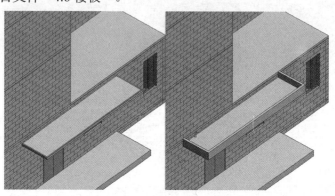

图 4.6.15 雨篷翻边完成

以同样的方法创建F1层平面图中②～④轴和⑭～⑮轴之间的台阶，具体方法不再赘述。

【学习测验】

1. Revit Architecture 提供了多种创建斜楼板的方法，以下说法正确的是（   ）。

    A．在绘制或编辑绘制的楼板时，绘制坡度箭头

    B．指定平行楼板绘制线的"相对基准的偏移"属性

    C．指定单条楼板绘制线的"定义坡度"和"坡度角"属性

    D．以上三种方法都可以创建斜楼板

2. 在下列创建斜楼板的方法中，错误的是（   ）。

    A．定义楼板迹线的角度设定

    B．指定单条楼板绘制线的"定义坡度"和"坡度角"属性

    C．指定平行楼板绘制线的"相对基准的偏移"属性

    D．在绘制或编辑绘制的楼板时，绘制坡度箭头

3. 用"拾取墙"命令创建楼板，使用（   ）键切换选择，可一次选中所有外墙，单击生成楼板边界。

    A．Tab   B．Shift   C．Ctrl   D．Alt

4.7 屋顶

在上节中，已经为宿舍楼工程创建了楼板，从本节开始，将为宿舍楼工程创建屋

顶。Revit 2019 提供了三种屋顶，分别是迹线屋顶、拉伸屋顶和面屋顶。其中，迹线屋顶的创建方式与楼板非常相似，下面介绍用迹线屋顶为宿舍楼工程添加屋顶。

4.7.1 创建平屋顶

宿舍楼 F1 层值班室、开水间、洗衣房及设备间均为平屋顶，下面介绍如何创建平屋顶。

1. 新建平屋顶类型

（1）启动 Revit 2019，打开上节所创建的"4.6 楼板"项目文件，另存为新的项目文件"4.7 屋顶"，切换至 F2 楼层平面视图，单击"建筑"选项卡"构建"面板"屋顶"下拉列表中的"迹线屋顶"按钮，如图 4.7.1 所示。

视频 4.7.1 创建平屋顶

（2）在"属性"面板类型选择器中选择"基本屋顶 – 常规 –400 mm"，单击"编辑类型"按钮，弹出"类型属性"对话框，单击"复制"按钮，将名称命名为"宿舍楼工程 –120 mm– 平屋顶"，如图 4.7.1 所示。

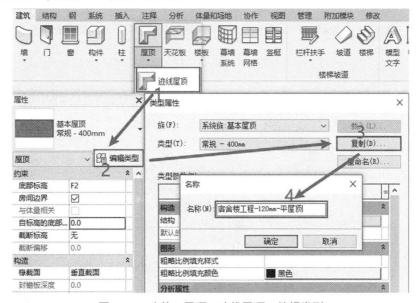

图 4.7.1　建筑＞屋顶＞迹线屋顶＞编辑类型

2. 编辑平屋顶属性

（1）单击"类型属性"对话框类型参数列表中"结构"参数后的"编辑"按钮，弹出"编辑部件"对话框，将材质修改为"宿舍楼工程 – 现场浇筑混凝土"，单击"确定"按钮退出"材质浏览器"对话框，修改厚度为 120，单击"确定"按钮退出"编辑部件"对话框，再单击"确定"按钮退出"类型属性"对话框，如图 4.7.2 所示。

125

（2）将"属性"面板中屋顶的"基准标高"设置为 F2 标高，"自标高的底部偏移"设置为"−120.0"，以确保屋顶结构层顶面结构标高与 F2 标高平齐，如图 4.7.2 所示。

需要注意的是与楼板不同，楼板是上表面与标高平齐，而屋顶是下表面与标高平齐，因此，要让屋顶上表面与标高平齐则需要设置底部偏移值。

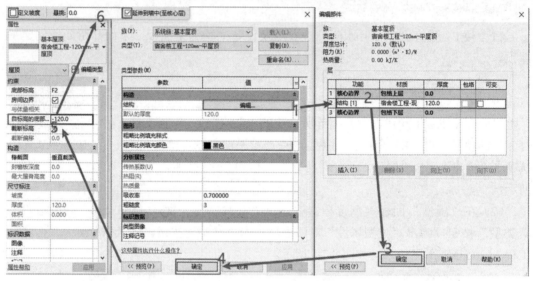

图 4.7.2 编辑类型＞编辑部件对话框＞限制条件＞自标高的高度偏移值

3. 绘制平屋顶迹线

（1）在绘制面板中，单击"矩形"按钮，按照平屋顶图纸，依次单击输入矩形起点和矩形对角点，完成屋顶迹线绘制，再单击"完成编辑模式"按钮完成屋顶的创建，如图 4.7.3 所示。

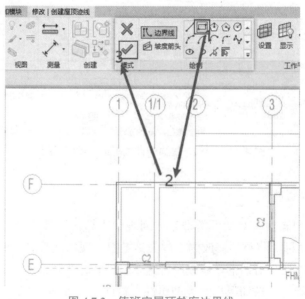

图 4.7.3 值班室屋顶轮廓边界线

需要注意的是，与楼板不同屋顶迹线只能包含一个封闭的环，因此，不同位置的屋顶需逐个绘制。

（2）保存项目。

4.7.2 创建坡屋顶

宿舍楼工程主体部分屋顶为坡屋顶，下面介绍如何创建坡屋顶。

1. 新建坡屋顶类型

（1）切换至 F6 楼层平面视图，单击"建筑"选项卡"构建"面板"屋顶"下拉列表的"迹线屋顶"按钮。

（2）在"属性"面板类型选择器中选择"基本屋顶 – 常规 – 400 mm"，单击"编辑类型"按钮，弹出"类型属性"对话框，单击"复制"按钮，将名称命名为"宿舍楼工程–150 mm–坡屋顶"，如图4.7.4 所示。

视频 4.7.2　创建坡屋顶

2. 编辑坡屋顶属性

（1）单击"类型属性"对话框类型参数列表中"结构"参数后的"编辑"按钮，弹出"编辑部件"对话框，单击"插入"按钮插入新层，单击"向上"按钮，调整插入层的位置。

（2）将插入的新层修改为"面层［2］5"，设置材质为"屋顶材料–瓦"，厚度为30，设置"结构［1］"功能层材质为"宿舍楼工程–现场浇筑混凝土"，厚度为"120.0"，如图 4.7.4 所示。

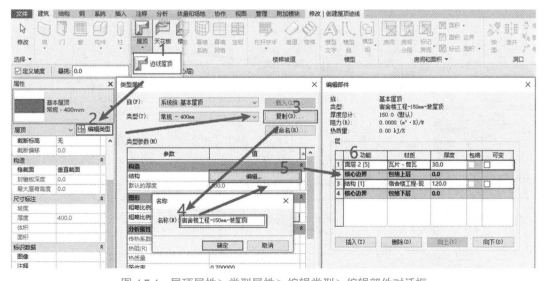

图 4.7.4　屋顶属性＞类型属性＞编辑类型＞编辑部件对话框

3. 绘制坡屋顶轮廓

（1）在"管理"选项卡"设置"面板中单击"项目 单位"按钮，在弹出的"项目单位"对话框中修改坡度单位为"1：比"，如图 4.7.5 所示。

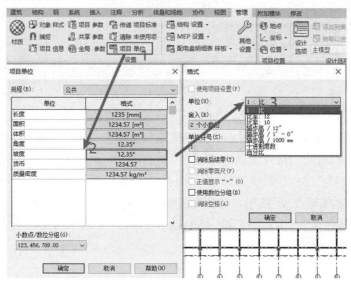

图 4.7.5 修改坡度单位

（2）选择边界线的绘制方式为"拾取墙"，勾选选项栏中的"定义坡度"复选框，设置悬挑值为"0.0"，在"属性面板"中设置"底部标高"为"F6"，设置"自标高的底部偏移"值为"−150.0"。

（3）按照屋顶平面图，依次单击外墙，配合修剪命令生成封闭的屋顶轮廓边界线，在"属性面板"中设置尺寸标注参数分组中的"坡度"为"1：2.50"，单击"完成编辑模式"按钮，完成屋顶的创建，如图 4.7.6 所示。

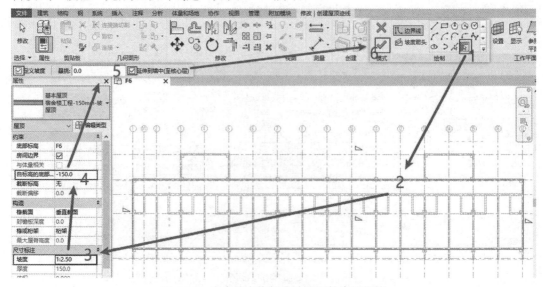

图 4.7.6 宿舍楼主体部分坡屋顶轮廓边界线

创建坡屋顶最重要的是要正确设置坡度，屋顶迹线有三角符号的表示设置坡度，无三角形符号的则表示不设置坡度。图 4.7.7（a）所示为四面设置坡度，图 4.7.7（b）所示为上下两侧设置坡度、左右两侧不设置坡度，从三维视图中明显看出是两种不同的造型。

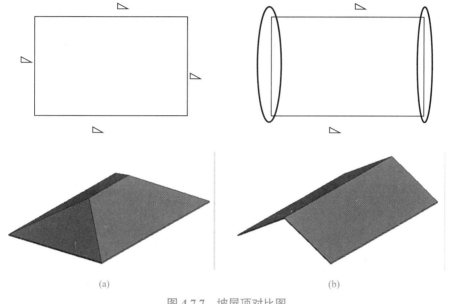

(a)　　　　　　　　　　　　(b)

图 4.7.7　坡屋顶对比图

4. 编辑坡屋顶轮廓

（1）绘制⑬～⑮轴、Ⓒ～Ⓕ轴之间的楼梯间平屋顶，如图 4.7.8 所示。

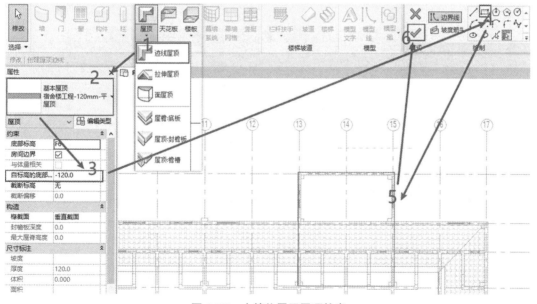

图 4.7.8　水箱位置平屋顶轮廓

（2）修改坡屋顶与平屋顶相交部分。双击坡屋顶进入编辑迹线状态，单击"参照平面"按钮，在ⓒ轴上侧 775 mm 处绘制参照平面，按 ESC 键两次退出，使用拆分图元和修剪命令编辑屋顶迹线轮廓，如图 4.7.9 所示，单击完成编辑模式。

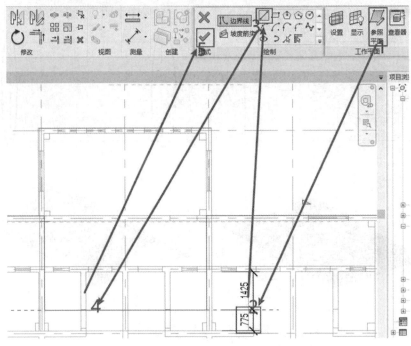

图 4.7.9　水箱位置坡屋顶轮廓

（3）在"建筑"选项卡"构建"面板"墙"下拉列表中单击"墙：建筑"按钮，在"属性"面板类型选择器中选择"宿舍楼工程－F1－外墙"，绘制水箱位置处外侧三面女儿墙，如图 4.7.10 所示。

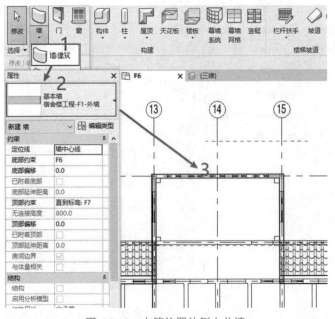

图 4.7.10　水箱位置外侧女儿墙

（4）分别进入东、西立面视图，双击水箱两边女儿墙进入墙体轮廓编辑模式，编辑墙体轮廓，使之与坡屋顶相切，单击"完成编辑模式"按钮，完成水箱东西两侧墙体修改，如图 4.7.11 所示。

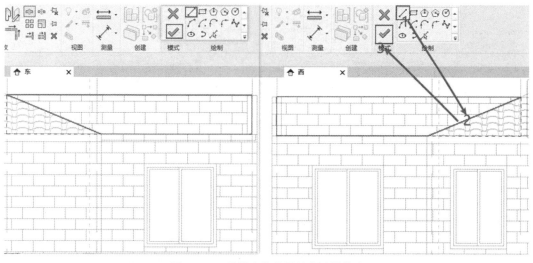

图 4.7.11　编辑水箱位置处女儿墙轮廓

（5）在"建筑"选项卡"构建"面板"墙"下拉列表中单击"墙：建筑"按钮，在"属性"面板类型选择器中选择"宿舍楼工程 –F1– 外墙"，绘制水箱位置处内侧三面女儿墙，如图 4.7.12 所示。

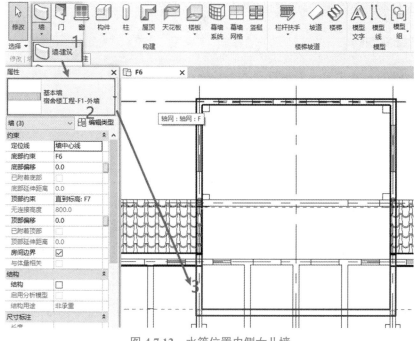

图 4.7.12　水箱位置内侧女儿墙

（6）切换至三维视图，按"Ctrl+ 鼠标左键"选择内侧三面女儿墙，单击"修改墙"

面板中的"附着顶部／底部"按钮，单击选择坡屋顶，使内侧三面女儿墙与坡屋顶相连，即可完成坡屋顶创建，如图 4.7.13 所示。

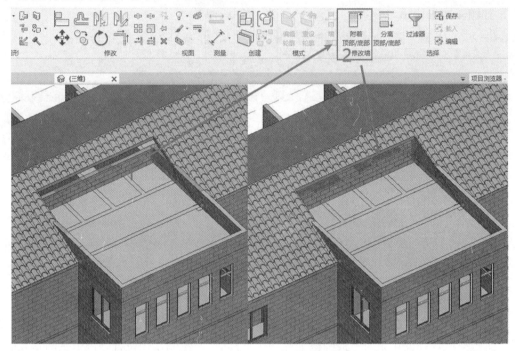

图 4.7.13　水箱位置内侧女儿墙与屋顶相连

（7）保存项目文件为"4.7 屋顶"。

【学习测验】

1. 在 Revit 软件中创建屋顶的方式不包括（　　　）。

　　A. 面屋顶　　　　　B. 放样屋顶　　　　C. 迹线屋顶　　　　D. 拉伸屋顶

2. Revit 提供的屋顶构件不包含（　　　）。

　　A. 屋檐：底板　　　　　　　　　　B. 屋檐：山墙

　　C. 屋顶：封檐板　　　　　　　　　D. 屋顶：檐槽

3. 关于屋顶两种创建方式，以下说法正确的是（　　　）。

　　A. 迹线屋顶为闭合环草图，拉伸屋顶为开放环草图

　　B. 迹线屋顶为开放环草图，拉伸屋顶为闭合环草图

　　C. 迹线屋顶和拉伸屋顶均不为开放环草图

　　D. 迹线屋顶和拉伸屋顶均不为闭合环草图

4. 下列不能通过编辑屋顶草图而实现的屋顶修改的是（　　　）。

　　A. 修改屋顶坡度

　　B. 向屋顶添加切口或洞口

　　C. 修改拉伸屋顶高度

　　D. 修改屋顶基准标高

5. 【多选】下列关于创建屋顶所在视图说法正确的是（   ）。

    A. 迹线屋顶可以在立面视图和剖面视图中创建

    B. 迹线屋顶可以在楼层平面视图和天花板投影平面视图中创建

    C. 拉伸屋顶可以在立面视图和剖面视图中创建

    D. 迹线屋顶和拉伸屋顶都可以在三维视图中创建

4.8 楼梯坡道

在 Revit 2019 中，楼梯的绘制方式分为两种，一种是按草图的方式创建楼梯，另一种是按构件的方式创建楼梯。本项目主要通过草图的方式创建楼梯。

4.8.1 创建室内楼梯

1. 新建楼梯

（1）启动 Revit 2019，打开上节所创建的"4.7 屋顶"项目文件，另存为新的项目文件"4.8 楼梯坡道"，切换至 F1 楼层平面视图，单击"建筑"选项卡"楼梯坡道"面板"楼梯"下拉列表中的"楼梯（按构件）"按钮。

视频 4.8.1　创建
室内楼梯

（2）绘制楼梯梯段，在"修改 | 创建楼梯"上下文选项卡"构件"面板中单击"梯段"按钮。

（3）单击"属性"面板中的"编辑类型"按钮。

（4）将"类型属性"对话框中的楼梯类型设置为整体浇筑楼梯，并单击"复制"按钮。

（5）修改新建楼梯名称为"宿舍楼 – 室内楼梯"。

（6）单击"确定"按钮，新建楼梯完成。

操作过程如图 4.8.1 所示。

2. 编辑楼梯属性

（1）在"类型属性"对话框对类型参数进行修改，将"最小踏板深度"修改为 280 mm，"最大踢面高度"修改为 150 mm，"最小梯段宽度"修改为 1 425 mm，功能设为外部；单击"梯段类型"后的"浏览"按钮进行进一步编辑，如图 4.8.2 所示。

（2）编辑"梯段类型"的"类型属性"，设置踏板材质和踢面材质为"宿舍楼—水泥砂浆面层"；设置"踏板厚度"为"15.0"，"楼梯前缘长度"为"5"，"楼梯前缘轮廓"为默认；设置"踢面厚度"为"15.0"，"踢面到踏板的连接"方式为"踏板延伸至踢面下"，单击"确定"按钮，如图 4.8.3 所示。

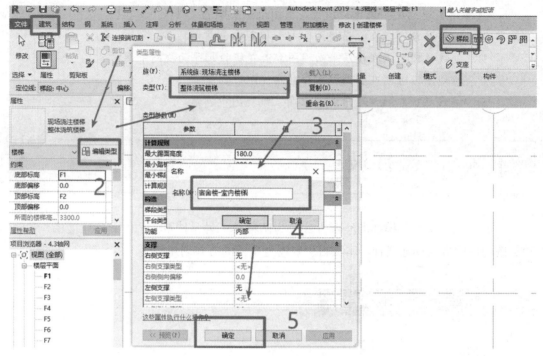

图 4.8.1　新建楼梯

图 4.8.2　修改楼梯参数

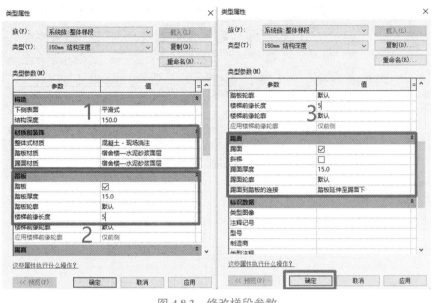

图 4.8.3　修改梯段参数

3. 绘制楼梯草图

（1）单击"建筑"选项卡"工作平面"面板中的"参照平面"按钮；在轴③、⑤、Ⓔ、Ⓕ的区域中建立两条垂直、两条水平的参照平面。设置垂直参照平面与轴③之间的距离分别为 2 000、4 800，平行参照平面与轴线Ⓔ之间的距离分别为 812.5、2 437.5，如图 4.8.4 所示。

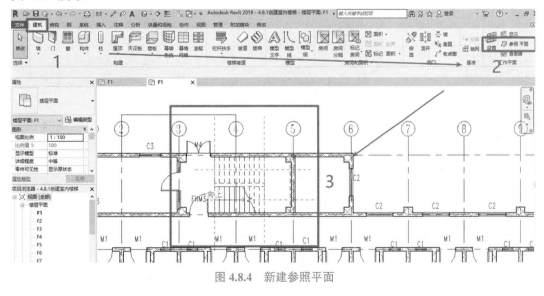

图 4.8.4　新建参照平面

（2）单击"建筑"选项卡"楼梯坡道"面板中的"楼梯"按钮；在"属性"面板中选择"宿舍楼—室内楼梯"，使用"构件"面板中直梯命令进行楼梯绘制；以参照平面定位线为基准，进行楼梯绘制；绘制完毕后，单击"完成编辑模式"，如图 4.8.5 所示。

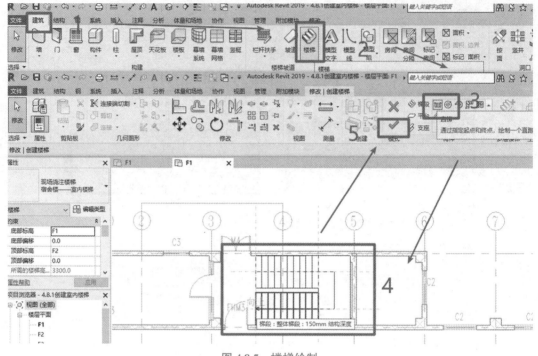

图 4.8.5 楼梯绘制

（3）选中楼梯，在"修改 | 楼梯"临时选项卡"剪贴板"面板中，单击"复制到剪贴板"按钮，再单击"粘贴"下拉列表中的"与选定的标高对齐"方式，弹出"选择标高"对话框，选中 F2、F3、F4，单击"确定"按钮，完成楼梯绘制，如图 4.8.6 所示。

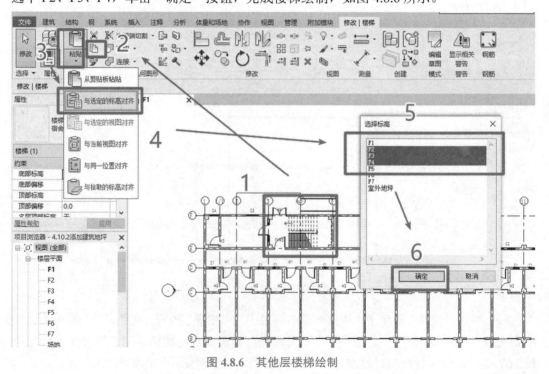

图 4.8.6 其他层楼梯绘制

（4）切换至三维视图，在其属性面板中，勾选"剖面框"，调整剖切位置配合"shift+鼠标中键"查看楼梯，如图 4.8.7 所示。

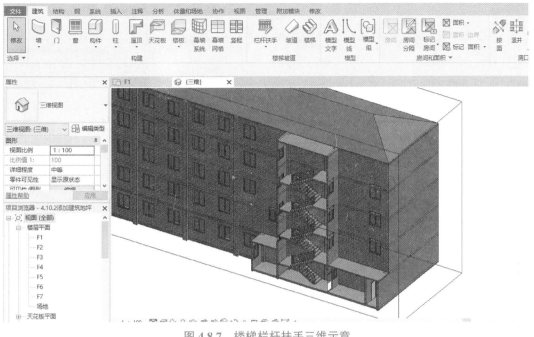

图 4.8.7　楼梯栏杆扶手三维示意

4.8.2　创建洞口

Revit 2019 中提供了专用的"洞口"命令，包括按面、墙、垂直、竖井和老虎窗五种洞口。其可以在墙体、楼板、天花板、屋顶等不同的洞口主体上开设不同形式的洞口。本项目主要使用洞口工具创建楼梯间洞口。

视频 4.8.2　创建洞口

1. 绘制楼梯剖面

（1）切换至 F1 楼层平面视图，单击"快速访问工具栏"中的"剖面"按钮。

（2）在楼梯位置绘制剖切符号。

（3）在"项目浏览器"中，展开"剖面"视图类别，该剖面自动命名为"剖面 1"。

（4）双击"项目浏览器"中"剖面 1"，切换至该视图，显示模型在该剖面位置的剖切投影。

绘制步骤如图 4.8.8 所示。

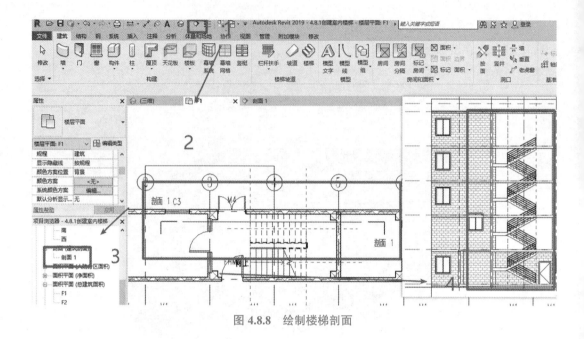

图 4.8.8　绘制楼梯剖面

2. 创建洞口

切换至 F1 楼层平面视图，单击"建筑"选项卡"洞口"面板中的"竖井"按钮；切换至"修改 | 创建竖井洞口草图"上下文选项卡，单击"绘制"面板中的"矩形按钮"；对楼梯进行洞口轮廓绘制，单击"完成编辑模式"按钮，如图 4.8.9 所示。

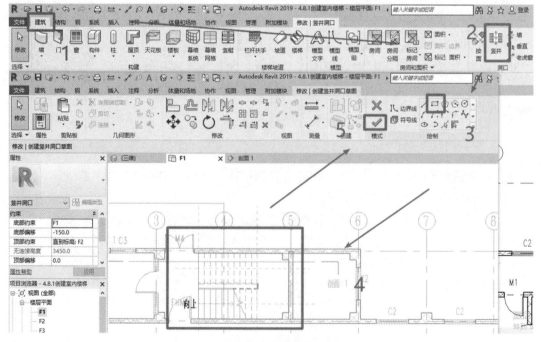

图 4.8.9　创建洞口

3. 编辑洞口属性

（1）切换至 F1 楼层平面视图，单击洞口；切换至"修改 | 竖井洞口"上下文选项卡，在"属性"面板中编辑洞口属性，设置底部偏移为"–150"，顶部约束为"直到标高：F5"；切换至三维视图，勾选"属性"面板中"范围框"下的"剖面框"复选框，使用剖面框对三维模型进行剖切，查看竖井洞口生成情况，如图 4.8.10 所示。

（2）保存项目文件。

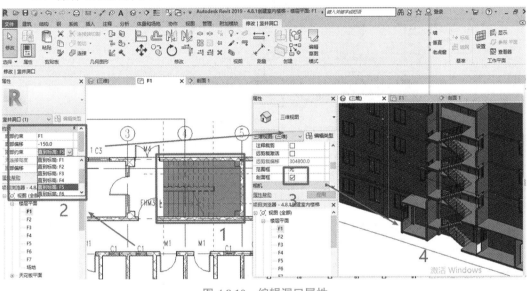

图 4.8.10　编辑洞口属性

4.8.3　创建坡道

Revit 2019 中可以利用"坡道"工具为建筑添加坡道，创建方法与楼梯相似，可以定义直梯段、L 形梯段、U 形和螺旋坡道。

1. 新建坡道

切换至室外地坪平面视图，单击"建筑"选项卡"楼梯坡道"面板中的"坡道"按钮；切换至"修改 | 创建坡道草图"上下文选项卡，单击"属性"面板中的"编辑类型"按钮，弹出"类型属性"对话框，单击"复制"按钮，将名称命名为"宿舍楼 – 室外坡道"；单击"确定"按钮，新建坡道完成，如图 4.8.11 所示。

视频 4.8.3　创建坡道

2. 编辑坡道属性

（1）在"属性"面板中，设置底部标高为"室外地坪"，顶部标高为"F1"，顶部偏移"为"0.0"，"宽度"为"1 200.0"，如图 4.8.12 所示。

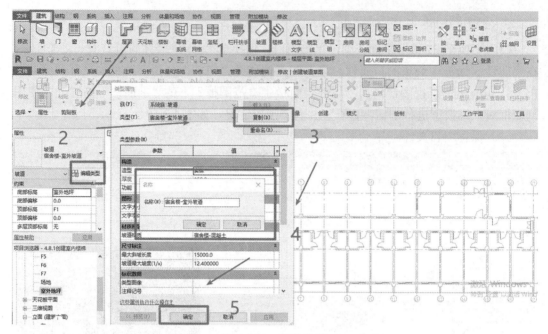

图 4.8.11　新建坡道

（2）单击"编辑类型"按钮，弹出"类型属性"对话框，将"类型参数"中"造型"设置为"实体"，"功能"设置为"外部"，"坡道材质"设置为"宿舍楼－混凝土"；单击"确定"按钮，坡道属性编辑完成，如图 4.8.12 所示。

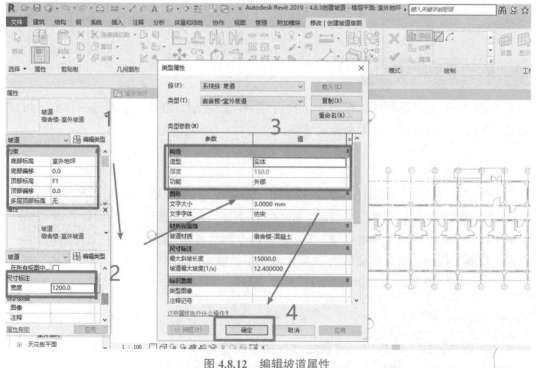

图 4.8.12　编辑坡道属性

3. 绘制坡道

（1）切换至"室外地坪"平面视图，单击"建筑"选项卡"工作平面"面板中的"参照平面"按钮，切换至"修改 | 放置 参照平面"上下文选项卡，在"绘制"面板中单击"直线"按钮进行绘制；在距离轴⑤ 1 000 mm 处建立水平参照平面 P-1，在距离台阶右侧边缘位置 3 720 mm 处建立参照平面 P-2，如图 4.8.13 所示。

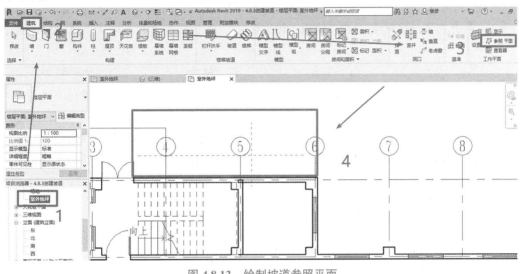

图 4.8.13　绘制坡道参照平面

（2）单击"建筑"选项卡"楼梯坡道"面板中的"坡道"按钮，切换至"修改 | 创建坡道草图"上下文选项卡，单击"绘制"面板中的"梯段"按钮，并确定绘制方式为"直线"，捕捉参照平面 P-1 和 P-2 的交点作为绘制起点绘制坡道。

（3）单击"模式"面板中的"完成编辑模式"按钮，完成坡道的建立，关闭所有对话框后，切换至默认的三维视图，查看坡道效果，如图 4.8.14 所示。

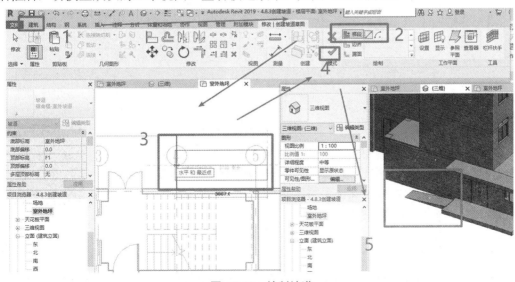

图 4.8.14　绘制坡道

141

（4）保存项目文件"4.8 楼梯坡道"。

【学习测验】

1. 按构件创建楼梯由（　　）主要部分组成。
   A. 踢面、踏面和栏杆扶手　　　　　B. 梯段、踏面和踢面
   C. 梯段、平台和栏杆扶手　　　　　D. 梯段、路径和栏杆扶手

2. 单击"楼梯"命令，在"修改 | 创建楼梯"上下文选项卡"构件"面板中不包含（　　）。
   A. 支座　　　　　B. 平台　　　　　C. 梯段　　　　　D. 梯边梁

3. 绘制楼梯时，在类型属性中设置"最大踢面高度"为"150"，楼梯到达的高度为"3 000"，如果设置楼梯图元属性中"所需梯面数"为"18"，则（　　）。
   A. 给出警告，并以 18 步绘制楼梯　　　B. 给出警告，并以 20 步绘制楼梯
   C. Revit 不允许设置为此值　　　　　D. 给出警告，并退出楼梯绘制

4. 创建楼梯中，栏杆扶手的放置位置可以在（　　）之间进行选择。
   A. 踏板或不自动创建　　　　　　　B. 梯边梁或不自动创建
   C. 踏板或梯边梁　　　　　　　　　D. 踏板或平台梁

5. 在 Revit 软件中创建楼梯说法正确的是（　　）。
   A. 通过绘制梯段、边界和踢面线创建楼梯
   B. 使用梯段命令可以创建 365° 的螺旋楼梯
   C. 在完成楼梯草图后，不可以修改楼梯的方向
   D. 修改草图改变楼梯的外边界，踢面和梯段不会相应更新

4.9　栏杆扶手

4.9.1　创建扶手

使用"扶手"工具可以为项目创建任意形式的扶手。扶手可以在绘制楼梯、坡道等主体构件时建立，也可以使用"扶手"工具单独绘制。

在创建扶手前，需要定义扶手的类型和结构。下面将在"宿舍楼"项目中，为阳台板添加栏杆扶手。

视频 4.9.1 创建扶手

1. 新建扶手

启动 Revit 2019，打开上节所创建的"4.8 楼梯坡道"项目文件，另存为新的项目

文件"4.9 栏杆扶手"，切换至"F3 楼层平面视图，单击"建筑"选项卡"楼梯坡道"面板中的"栏杆扶手"按钮；切换至"修改|创建栏杆扶手路径"上下文选项卡，单击"属性"面板中的"编辑类型"按钮，弹出"类型属性"对话框，单击"复制"按钮，将名称命名为"宿舍楼 –900 mm– 阳台栏杆"；单击"确定"按钮，新建扶手完成，如图 4.9.1 所示。

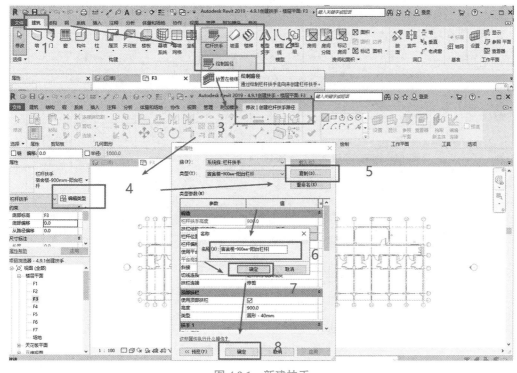

图 4.9.1　新建扶手

2. 编辑扶手类型

（1）设置"属性"面板中的"底部标高"为"F3"，"底部偏移"值设置为"–20.0"。

（2）单击"属性"面板中的"编辑类型"按钮，弹出"类型属性"对话框，单击"类型参数"列表中"扶栏结构（非连续）"后的"编辑"按钮；在弹出的"编辑扶手（非连续）"对话框中复制"扶栏 5"，重命名为"扶栏 6"，将"高度"从上至下依次设置为 900、750、600、450、300、150，"偏移"统一设置为 0。设置"扶栏 1"轮廓为"圆形扶手：40 mm"，单击"材质"列表下的"浏览"按钮，弹出"材质浏览器"对话框，查找材质"抛光不锈钢"并复制命名为"宿舍楼 – 抛光不锈钢"，并将所有扶栏材质均修改为"宿舍楼 – 抛光不锈钢"。

编辑扶手类型的操作过程如图 4.9.2 所示。

3. 编辑栏杆类型

（1）在"类型属性"对话框中，单击"类型参数"下"栏杆位置"后的"编辑"按钮，弹出"编辑栏杆位置"对话框，设置所有"栏杆族"选项为"无"，单击"确定"按钮，返回"类型属性"对话框，修改"栏杆偏移"值为"0.0"，单击"确定"按钮，如图 4.9.3 所示。

（2）单击"修改|创建栏杆扶手路径"上下文选项卡"绘制"面板中的"直线"按钮，设置选项栏中的"偏移量"为"0.0"，依次捕捉墙体并单击，绘制栏杆扶手；切换至三维视图，扶手如图 4.9.4 所示。

（3）保存项目文件。

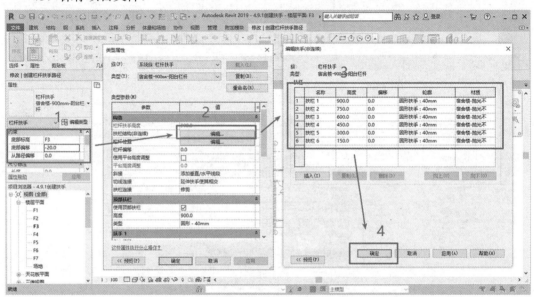

图 4.9.2　编辑扶手类型

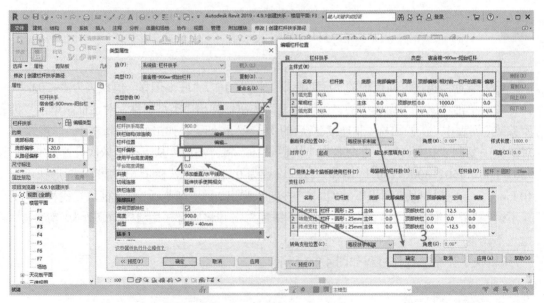

图 4.9.3　编辑栏杆类型

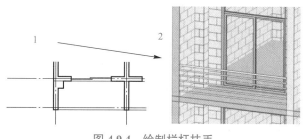

图 4.9.4　绘制栏杆扶手

4.9.2　修改楼梯扶手

绘制完成楼梯后，Revit 2019 会自动沿楼梯草图边界线生成扶手，还允许用户根据设计要求再次修改扶手的迹线和样式。

（1）切换至 F1 楼层平面视图，选择楼梯扶手图元，删除梯井位置的扶手路径与下方的扶手路径；单击"建筑"选项卡"楼梯坡道"面板中的"栏杆扶手"按钮；在"修改 | 创建栏杆扶手路径"上下文选项卡"绘制"面板中单击"直线"按钮；确认当前扶手类型为"900 mm 圆管"，绘制楼梯扶手；绘制完成后，单击"完成编辑模式"按钮，如图 4.9.5 所示。

视频 4.9.2　修改楼梯扶手

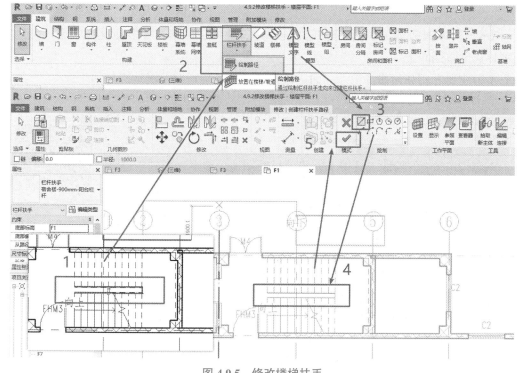

图 4.9.5　修改楼梯扶手

（2）保存项目文件"4.9 栏杆扶手"。

1. 栏杆扶手中的横向扶栏个数设置，应单击"类型属性"对话框中（　　）进行编辑。

  A. 扶栏位置　　　　B. 扶栏结构　　　　C. 扶栏偏移　　　　D. 扶栏连接

2. 以下关于栏杆扶手创建说法正确的是（　　）。

  A. 可以直接在建筑平面图中创建栏杆扶手

  B. 可以在楼梯主体上创建栏杆扶手

  C. 可以在坡道主体上创建栏杆扶手

  D. 以上均可

3. 以下关于绘制栏杆扶手说法错误的是（　　）。

  A. 一般不封闭阳台栏杆扶手高度的设置为 900 mm

  B. 栏杆扶手线必须是一条单一且连接的草图

  C. 绘制坡道或者楼梯栏杆扶手可以使用放置在主体上的方式

  D. 删除楼梯图元，则通过放置在主体上生成的栏杆也将消失

4.10　场地和场地构件

  Revit 2019 具有地形表面、建筑红线、建筑地坪、停车场等多种设计工具，可以完成项目场地总图布置。

  本节主要介绍如何添加地形表面、建筑地坪、场地道路及场地构件的生成。

4.10.1　添加地形表面

  Revit 2019 中的场地工具用于创建项目的场地，地形表面的创建方法包括两种：一种是通过放置点方式生成地形表面；另一种是通过导入数据的方式创建地形表面。本项目采用放置点方式生成地形表面。

视频 4.10.1　添加地形表面

1. 创建地形表面

  （1）启动 Revit 2019，打开上节所创建的"4.9 栏杆扶手"项目文件，另存为新的项目文件"4.10 场地和场地构件"，在"项目浏览器"中展开"视图"→"楼层平面"双击打开场地平面视图。

  （2）在"体量和场地"选项卡"场地建模"面板中单击"地形表面"按钮，进行地形表面创建，如图 4.10.1 所示。

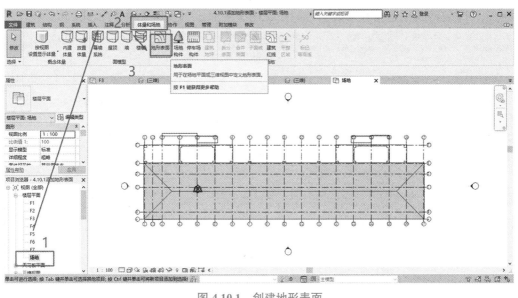

图 4.10.1　创建地形表面

2. 放置高程点

在"修改|编辑表面"上下文选项卡单击"工具"面板中的"放置点"按钮；设置"高程"为"-600.0"，高程形式为"绝对高程"；放置高程点，如图 4.10.2 所示。

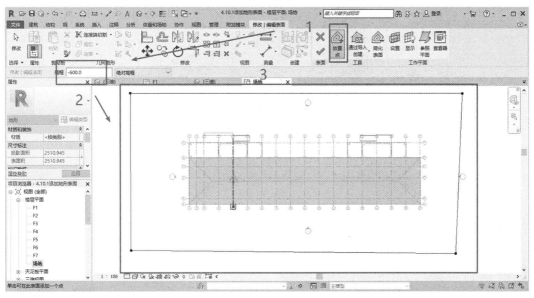

图 4.10.2　放置高程点

3. 修改场地材质

（1）选择创建完成的场地，单击"属性"面板"材质"选项后的"浏览"按钮，弹出"材质浏览器"对话框；搜索选择"场地-草"并复制命名为"宿舍楼-场地草"，单击

"确定"按钮将其指定给地形表面，如图 4.10.3 所示。

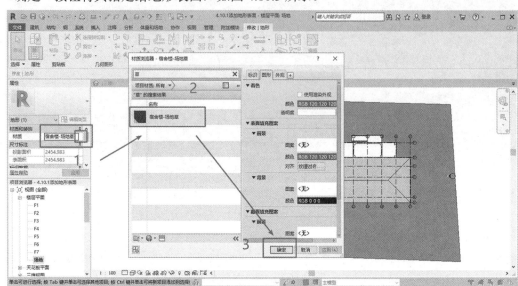

图 4.10.3　修改场地材质

（2）切换至三维视图，完成后的地形表面如图 4.10.4 所示。

（3）保存项目文件。

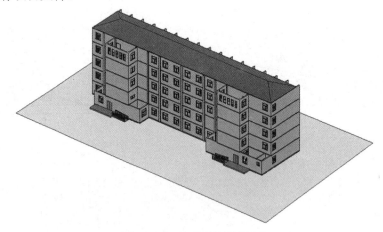

图 4.10.4　生成"地形表面"

4.10.2　添加建筑地坪

创建地形表面后，可以沿建筑轮廓创建建筑地坪，平整场地表面。建筑地坪的创建和编辑与楼板完全一致。

1. 新建建筑地坪

切换至 F1 楼层平面视图，单击"体量和场地"选项卡"场地建模"

视频 4.10.2　添加
建筑地坪

面板中的"建筑地坪"按钮，切换至"修改 | 创建建筑地坪边界"上下文选项卡，单击"属性"面板中的"编辑类型"按钮，弹出"类型属性"对话框；单击"复制"按钮，将名称命名为"宿舍楼 - 地坪"，如图4.10.5所示。

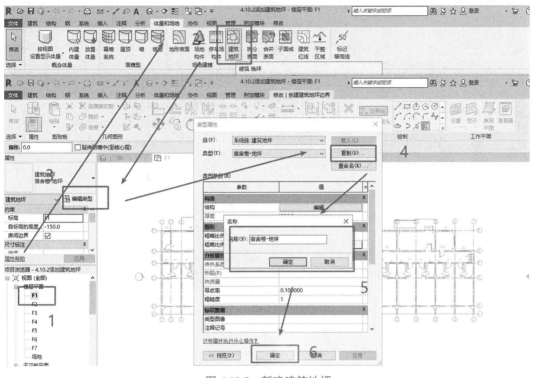

图 4.10.5　新建建筑地坪

2. 编辑地坪属性

修改"属性"面板中的"标高"为"F1"，"自标高的高度偏移"值为"-150.0"；单击"属性"面板中的"编辑类型"按钮，弹出"类型属性"对话框；单击"类型参数"列表中"结构"后的"编辑"按钮，弹出"编辑部件"对话框，设置"结构 [1]"的"材质"为"宿舍楼坪 - 碎石"，"厚度"为"450"，如图4.10.6所示。

3. 绘制场地轮廓

（1）在"修改 | 创建建筑地坪边界"上下文选项卡"绘制"面板中单击"边界线"按钮，再单击"拾取墙"按钮；确认选项栏中的"偏移值"为"0.0"，使用"拾取墙"绘制方式；勾选"延伸到墙中（至核心层）"复选框，沿外墙内侧核心表面拾取；生成建筑地坪轮廓边界线，如图4.10.7所示。

（2）单击"完成编辑模式"按钮完成地坪边界线的创建，切换至默认的三维视图，结合剖面框，查看建筑地坪效果，如图4.10.8所示。

（3）保存项目文件。

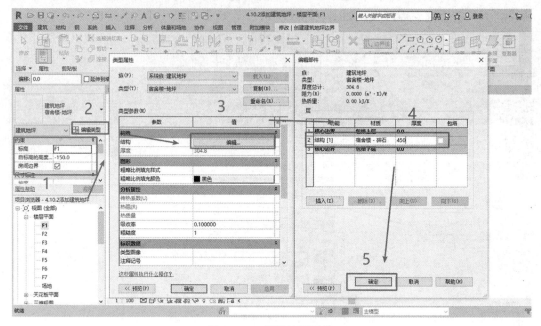

图 4.10.6 编辑地坪属性

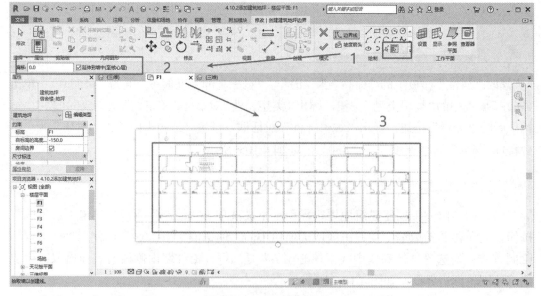

图 4.10.7 绘制场地轮廓

图 4.10.8　生成"建筑地坪"

4.10.3　创建场地道路

1. 添加子面域

在 Revit 2019 中通过"子面域"可以创建道路、停车场等项目构件。场地还可以对现状地形进行场地平整，并生成平整后的新地形。

切换至场地平面视图，单击"体量和场地"选项卡"场地建模"面板中的"子面域"按钮；切换至"修改|创建子面域边界"上下文选项卡，选择绘制工具，绘制与图纸相对应的子面域边界；绘制完毕后，单击"完成编辑模式"按钮，如图 4.10.9 所示。

视频 4.10.3　创建
场地道路

2. 编辑子面域属性

（1）选中建立的子面域，切换至"修改|地形"上下文选项卡，如图 4.10.10 所示。

（2）单击"属性"面板中的"材质"后面的"浏览"按钮，弹出"材质浏览器"对话框。

（3）选择任一路面材质，单击鼠标右键复制，重新命名为"宿舍楼－人行道"，单击"确定"按钮完成子面域（路面）材质赋予，如图 4.10.10 所示。

（4）切换至三维视图，完成后的场地如图 4.10.11 所示。

（5）保存项目文件。

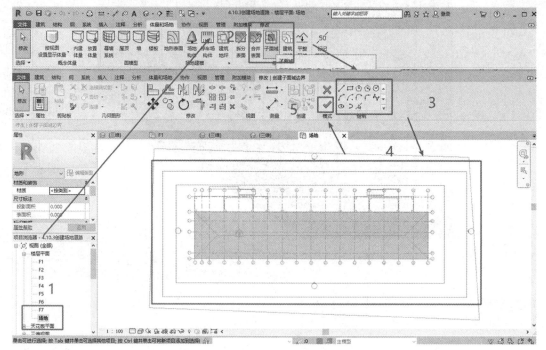

图 4.10.9　添加子面域

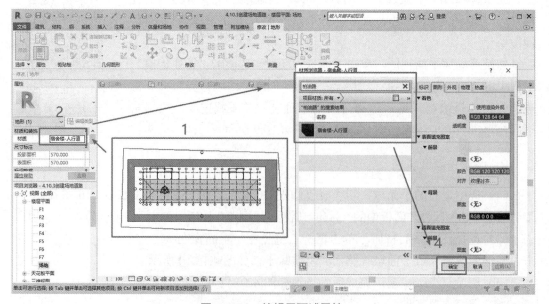

图 4.10.10　编辑子面域属性

图 4.10.11　生成"场地道路"

4.10.4　场地构件

Revit 2019 提供了场地构件工具，可以为场地添加停车场、树木、人物等场地构件。在使用场地构件前，必须导入需要使用的场地构件族。

视频 4.10.4　场地构件

1．新建场地构件

（1）切换至"室外地坪"楼层平面视图。

（2）在"插入"选项卡"从库中载入"面板中单击"载入族"按钮，弹出"载入族"对话框，选择并载入族文件 RPC 甲虫 .rfa、RPC 树 – 落叶树 .rfa、RPC 男性 .rfa、RPC 女性 .rfa，如图 4.10.12 所示。

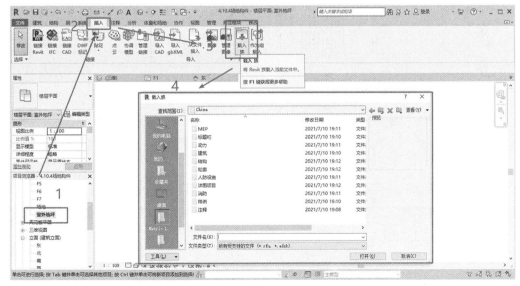

图 4.10.12　新建场地构件

153

2. 布置场地构件

（1）在"属性"面板类型选择器中选择构件类型为"RPC 树－落叶树 杨叶桦－3.1 米"；单击"编辑类型"按钮，弹出"类型属性"对话框，修改高度为"1 500"，单击"确定"按钮，如图 4.10.13 所示。

（2）按图 4.10.14 所示位置均匀布置植物构件。

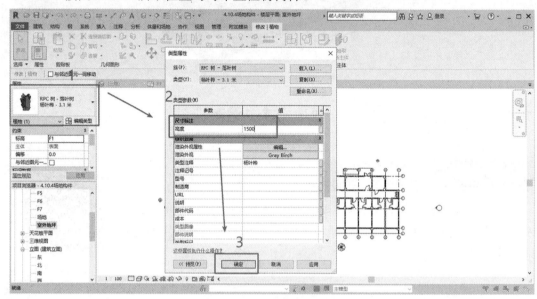

图 4.10.13　植物构件属性修改

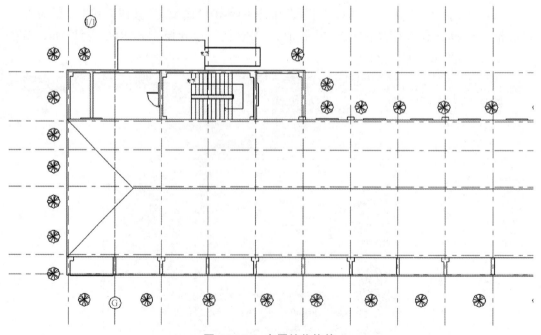

图 4.10.14　布置植物构件

（3）切换至室外地坪平面视图；单击"体量和场地"选项卡"场地建模"面板中的"场地构件"按钮，在"属性"面板类型选择器中依次选择"RPC 甲虫""RPC 男性""RPC 女性"，在场地任意位置鼠标左键单击放置，如图 4.10.15 所示。

（4）切换至三维视图查看放置后效果，如图 4.10.16 所示。

（5）保存项目文件"4.10 场地和场地构件"。

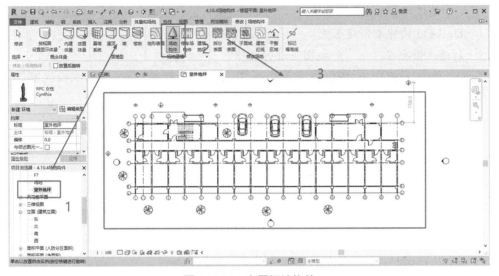

图 4.10.15　布置场地构件

图 4.10.16　生成布置效果

:::: 【学习测验】

1. 绘制地形的"地形表面"命令在（　　）选项卡下。

 A．建筑   B．结构

 C．体量和场地   D．附加模块

2. 可以将等高线数据导入 Revit 自动生成地形表面的格式是（　　）。

 A．dwg   B．dgn   C．dfx   D．以上都是

3. Revit 提供的创建地形表面的方式是（　　）。

    A. 放置点　　　　　B. 建筑地坪　　　　C. 子面域　　　　D. 简化表面

4. 下列不是创建地形的方式是（　　）。

    A. 直接放置高程点，按照高程点连接各个点生成地形表面

    B. 导入等高线数据来创建地形

    C. 通过体量生成

    D. 通过构件集创建生成

5. 创建地形要在（　　）视图下进行操作。

    A. 场地平面　　　　B. 楼层平面　　　　C. 立面视图　　　　D. 剖面视图

第五章

结构专业模型创建

学习目标

1. 通过创建结构模型，了解软件工作环境和基本命令；
2. 掌握独立基础、结构柱、梁、板、钢筋的建模方法；
3. 掌握统计明细表的方法。

学习导图

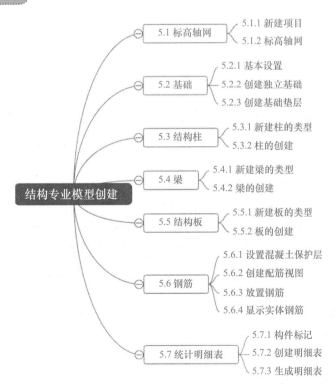

结构专业建模与建筑专业建模流程的顺序相同，一般是先确定项目的标高轴网，再进行结构专业的模型创建。

5.1 标高轴网

5.1.1 新建项目

启动 Revit 2019，选择"结构样板"新建项目，如图 5.1.1 所示，进入项目绘图界面。

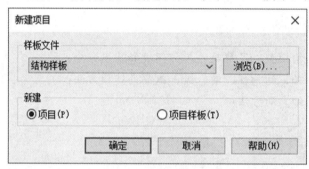

图 5.1.1 选择结构样板

5.1.2 标高轴网

为了便于软件操作与讲解，保证项目各专业模型定位一致，创建结构专业模型的标高轴网时，可链接建筑模型的标高轴网，或者链接 CAD 结构施工图创建标高轴网。

具体链接标高轴网有以下两种方法：

方法一：链接建筑中已有的标高轴网 RVT 文件。

方法二：链接 CAD 结构图。

此处建议采用方法二，直接导入相关构件 CAD 图。使用方法在后续具体构件模型创建时阐述。［CAD 图纸在 QQ 群（325115904）共享文件下载］

:·: 【学习测验】

1. 在设置视图范围中，以下说法正确的是（　　）。

A. 顶高度一定小于底高度

B. 视图深度标高一定大于底标高

C. 视图深度标高一定小于底标高

D. 剖切面高度在顶高度和底高度之间

2. 添加标高时，默认情况下（　　　）。

　　A. "创建平面视图"处于选中状态

　　B. "平面视图类型"中天花板平面处于选中状态

　　C. "平面视图类型"中楼层平面处于选中状态

　　D. 以上说法均正确

3. 以下参数不包含在系统族轴网的类型属性对话框中的是（　　　）。

　　A. 轴线中段　　　B. 轴线末端　　　C. 轴线中段颜色　　D. 轴线末端颜色

5.2　基础

5.2.1　基本设置

1. 创建基础底标高

（1）展开"项目浏览器"→"视图"→"立面"，进入南立面视图；

（2）单击"结构"选项卡"基准"面板中的"标高"按钮；

（3）单击两点绘制标高线，创建标高；

（4）修改标高及名称，如图 5.2.1 所示。

视频 5.2.1　基本设置

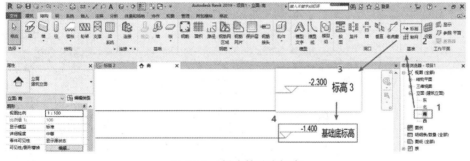

图 5.2.1　创建基础底标高

2. 链接 CAD 平面基础布置图

（1）展开"项目浏览器"→"视图"→"结构平面"，进入基础底标高平面视图；

（2）单击"插入"选项卡"链接"面板中的"链接 CAD"按钮，弹出"链接 CAD 格式"对话框；

（3）在对话框中选择需要链接的 CAD 图纸，确定"导入单位"为"毫米"，"定位"为"手动 - 中心"，单击"确定"按钮；

（4）单击放置 CAD 基础平面布置图，如图 5.2.2 所示。

159

3. 创建轴网

（1）单击"结构"选项卡"基准"面板中的"轴网"按钮，切换至"修改 | 放置 轴网"上下文选项卡；

（2）单击"绘制"面板中的"拾取线"按钮；

（3）拾取链接 CAD 图的轴网，在拾取时应及时修改轴网编号，使得与基础平面图保持一致，如图 5.2.3 所示。

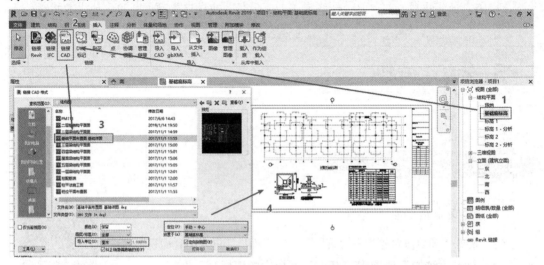

图 5.2.2　链接 CAD 平面基础布置图

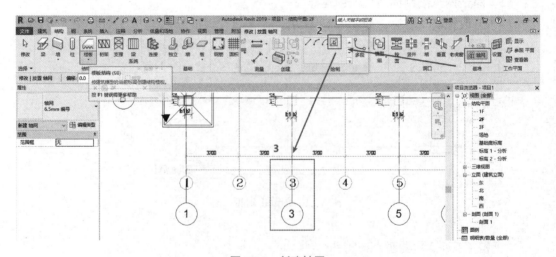

图 5.2.3　创建轴网

4. 形成 Revit 基础轴网

拾取完毕后，删除原有基础平面图形成基础轴网，如图 5.2.4 所示。

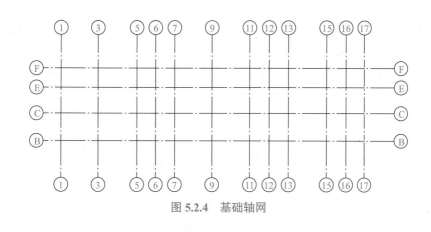

图 5.2.4　基础轴网

5.2.2　创建独立基础

创建基础模型，Revit 中提供了三种基础创建工具，如图 5.2.5 所示。

图 5.2.5　三种基础工具

视频 5.2.2　创建
独立基础

本案例工程基础采用柱下独立基础，因此，先创建独立基础，再创建基础下面的垫层。

案例中共有 11 种不同尺寸的坡形截面独立基础，修改类型参数，满足案例要求，以 J1 为例，其他不再赘述。

1. 载入独立基础－坡形截面

（1）单击"结构"选项卡"基础"面板中的"结构基础：独立"按钮；
（2）单击"属性"面板中的"编辑类型"按钮，弹出"类型属性"对话框；
（3）单击"族"后的"载入"按钮，弹出"打开"对话框；
（4）选择"结构"→"基础"→"独立基础－坡形截面"族，如图 5.2.6 所示。

2. 修改并放置独立基础 J1

（1）单击"属性"面板的"编辑类型"按钮，弹出"类型属性"对话框，单击"复制"按钮，将名称命名为"J1"，修改尺寸标注参数，与 J1 实际参数相符；
（2）由于独立基础－坡形截面默认顶标高与标高线对齐，故应将其向上偏移 600 mm，在"属性"面板中将结构材质改为"混凝土，现场浇注 –C30"；
（3）将创建好的独立基础放置到指定轴线位置，单击①轴交Ⓑ轴交点放置；

161

（4）单击"修改|放置 独立基础"上下文选项卡"修改"面板中的选择"对齐"按钮，使创建的基础与图纸位置相符，如图 5.2.7 所示。

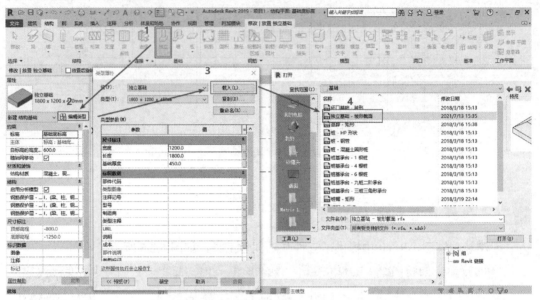

图 5.2.6　载入独立基础－坡形截面

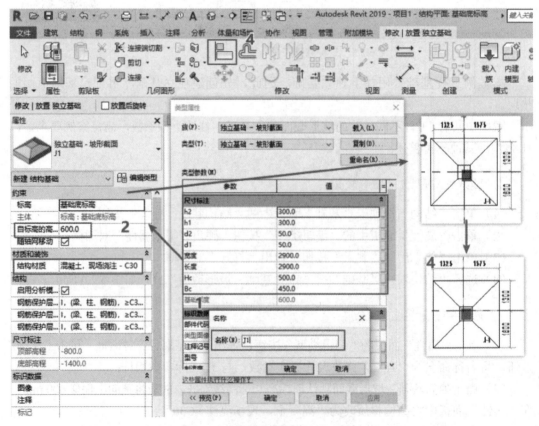

图 5.2.7　修改并放置独立基础 J1

5.2.3　创建基础垫层

（1）单击"结构"选项卡"基础"面板中的"结构基础：楼板"按钮，切换至"修改 | 创建楼层边界"上下文选项卡；

（2）单击"绘制"面板中的"边界线"按钮，再单击"拾取线"按钮；

视频 5.2.3　创建基础垫层

（3）由于垫层平面尺寸比独立基础边缘每边各宽 100 mm，故采用拾取线工具向外偏移 100.0；

（4）在"属性"面板，单击"编辑类型"按钮，弹出"类型属性"对话框，单击"复制"按钮，将名称命名为"垫层"，单击"确定"按钮；

（5）单击"结构"后的"编辑"按钮，弹出"编辑部件"对话框，修改"结构［1］"厚度为"100 mm"，材质为"混凝土，现场浇注 –C15"；

（6）设置完成后，拾取独立基础四条边，单击"完成编辑模式"按钮，生成垫层，如图 5.2.8 所示。

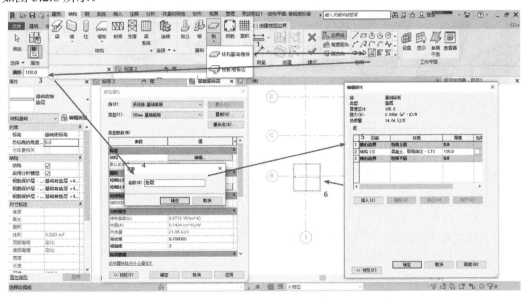

图 5.2.8　垫层

重复上述命令，完成其余 J2 ～ J11 独立基础及垫层。

由于案例中的独立基础成轴对称，布置左侧一半，即可采用"镜像"命令生成右侧的一半。

（1）框选需要镜像的独立基础；

（2）单击"修改 | 选择多个"上下文选项卡"修改"面板中的"镜像 – 拾取轴"按钮；

（3）拾取对称轴（轴网 9），或单击对称轴上的两个点；

（4）生成另一半独立基础，如图 5.2.9 所示。

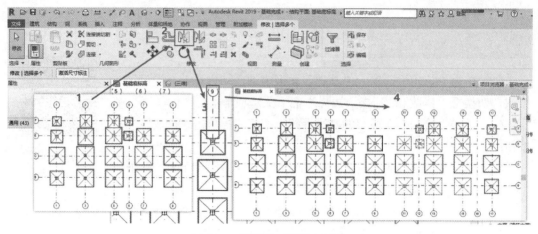

图 5.2.9　镜像轴对称独立基础

完成所有独立基础的创建，另存为项目文件"5.2 基础"。最后的完成效果如图 5.2.10 所示。

图 5.2.10　结构基础完成效果

【学习测验】

1. 以下不包括在 Revit"结构"→"基础"中的命令是（　　　）。
   A. 墙　　　　　　　　　　　　　B. 独立
   C. 筏板　　　　　　　　　　　　D. 板
2. 放置构件时，按（　　　）键可以旋转构件方向以放置。
   A. Tab　　　　　　　　　　　　B. Shift
   C. Space　　　　　　　　　　　D. Alt

5.3　结构柱

Revit 软件中有"建筑柱"和"结构柱"两种构件。结构工程中不涉及创建建筑柱，故本节仅介绍创建结构柱。

5.3.1　新建柱的类型

（1）打开 2F 楼层结构平面视图，在"插入"选项卡"链接"面板中单击"链接 CAD"按钮；

（2）在弹出"链接 CAD 格式"对话框中，链接"柱平法施工图"CAD 图作为参照；

（3）单击"结构"选项卡"结构"面板中的"柱"按钮，切换至"修改 | 放置 结构柱"上下文选项卡，默认选择为"垂直柱"；

（4）属性栏中选择"混凝土 – 矩形 – 柱"类型，修改类型属性，如案例工程中柱"1FKZ1 450 mm×500 mm"，并修改其尺寸；

（5）在属性栏中将"结构材质"修改成"混凝土，现场浇注 –C30"，如图 5.3.1 所示。

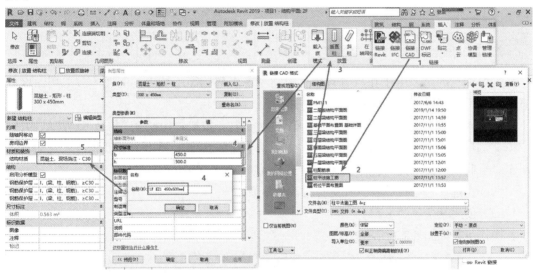

图 5.3.1　新建柱类型

5.3.2　柱的创建

1. 底层结构柱

KZ1 的首层高度为"基础顶～ 3.250"，由于 J–1 基础的顶标高为 –0.850 m，在放置首层结构柱时，采用深度放置的方法。

（1）选择创建好的"1F KZ1 450 mm×500 mm"。

（2）在选项栏中将放置方位设置为深度放置。

（3）单击 KZ1 所在轴网交点处进行放置。

（4）单击"修改"面板中的"对齐"按钮，调整柱的位置与图纸相符。

操作步骤如图 5.3.2 所示。

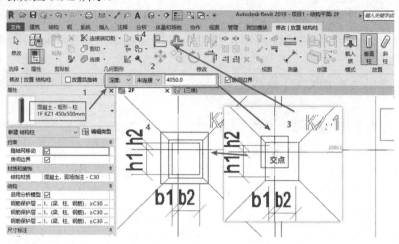

图 5.3.2　首层结构柱放置

2. 其他层结构柱

需要注意的是，由于在放置首层柱时需考虑底部标高不统一的问题，故采用深度放置的方法。而其他层均采用高度放置的方法。

（1）单击"结构"选项卡"结构"面板中的"柱"按钮，切换至"修改|放置 结构柱"上下文选项卡，单击"属性"面板中的"编辑类型"按钮，弹出"类型属性"对话框，单击"复制"按钮，将名称命名为"2F KZ1 450 mm×500 mm"；

（2）在选项栏中将放置方式选择为高度放置；

（3）创建其余各层 KZ1。

操作步骤如图 5.3.3 所示。

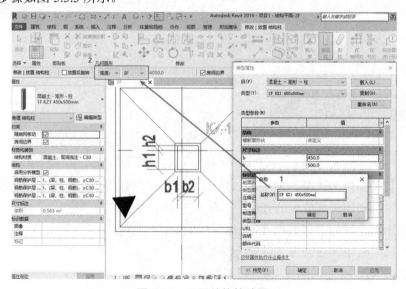

图 5.3.3　二层结构柱放置

完成所有结构柱的创建，另存为项目文件"5.3 结构柱"。最后的完成效果如图 5.3.4 所示。

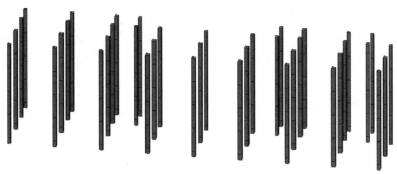

图 5.3.4　结构柱完成效果

【学习测验】

1. 在 Revit 软件中，如果要在选定的轴线交点处批量放置截面相同的结构柱应（　　）。

　　A. 单击功能区"多个"面板中"在轴网处"工具

　　B. 单击功能区"多个"面板中"在柱处"工具

　　C. 单击功能区"放置"面板中"垂直柱"工具

　　D. 单击功能区"放置"面板中"斜柱"工具

2. 建筑柱与结构柱的关系正确的是（　　）。

　　A. 建筑柱可以拾取结构柱生成

　　B. 结构柱可以拾取建筑柱生成

　　C. 建筑柱不可以和结构柱同时生成

　　D. 结构柱不可以与建筑柱重合

5.4　梁

由于本工程案例中的梁为混凝土矩形梁，故可直接利用样板自带的族类型复制得到。创建梁之前，链接梁的 CAD 图纸作为参照。本节以一层梁为案例进行讲解。

视频 5.4.1　新建
梁的类型

5.4.1　新建梁的类型

（1）展开"项目浏览器"→"视图"→"结构平面"，打开 1F 楼层结构平面视图。

（2）链接一层梁结构平面 CAD 图，并与轴网对齐。

（3）单击"结构"选项卡"结构"面板中的"梁"按钮，在"属性"面板的类型选择器中选择"混凝土 – 矩形梁 300 mm×600 mm"。

（4）单击"属性"面板中的"编辑类型"按钮，弹出"类型属性"对话框，单击"复制"按钮，将名称重新命名为"1F KL1 250 mm×550 mm"并修改尺寸标注值，如图 5.4.1 所示。

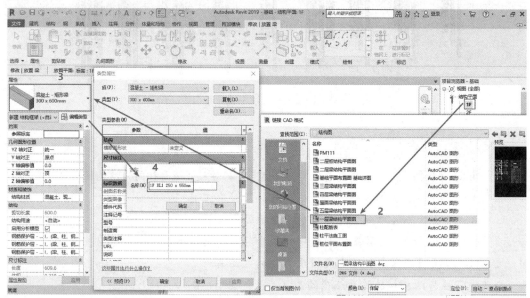

图 5.4.1　新建梁类型

5.4.2　梁的创建

在本案例中，1F 的标高为 –0.050 m，梁在放置时默认的是梁的顶标高与所在的标高对齐，故在创建一层梁时，应该在标高 1F 的结构平面链接 CAD 图，并按照以下的方法创建一层梁。

（1）选择新建的梁类型，在"修改|放置梁"上下文选项卡"绘制"面板中单击"直线"按钮。

（2）在一号框架梁区域单击起点和终点绘制梁，也可以选择"绘制"面板"拾取线"命令绘制梁。

视频 5.4.2　梁的创建

（3）梁放置以后需对其位置进行修改，单击"修改"面板中的"对齐"按钮进行修改。操作步骤如图 5.4.2 所示。

当然，梁在绘制好以后，也可以通过属性栏对其位置进行修改，如图 5.4.3 所示。现已在 1F 结构平面视图放置，起点终点标高不需偏移。若图纸中有特殊注明梁的标高，须注意标高的修改。

完成所有一层梁的创建，最后的完成效果如图 5.4.4 所示。

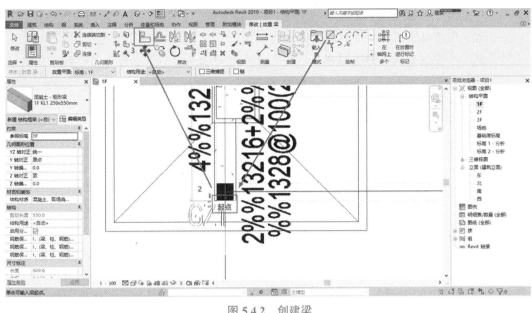

图 5.4.2 创建梁

图 5.4.3 属性设置

图 5.4.4 一层梁完成图

使用同样的方法，完成其他层梁的创建。另存为项目文件"5.4 梁"。

:::: 【学习测验】

1. 下列关于梁的创建和使用的描述，错误的是（ ）。

　　A. 梁可以附着到项目中的任何结构图元（包括结构墙）上

　　B. 放置梁时，梁可以捕捉到轴网

　　C. 如果没有创建轴网，则不能添加梁系统

　　D. 没有轴网时也可以通过绘制的方法添加梁

2. （ ）不是梁的结构用途。

　　A. 大梁　　　　　　B. 桁架　　　　　　C. 檩条　　　　　　D. 水平支撑

3. 绘制梁时，在图元属性中将"Z方向对正"设置为"底"时，则梁在立面上的高度（ ）。

　　A. 以梁底标高确定　　　　　　　B. 以梁顶标高确定

　　C. 以梁中心截面标高确定　　　　D. 以参照楼层确定

169

4. 下列关于梁说法正确的是（　　　）。

　　A. 梁是用于承重用途的结构图元

　　B. 将梁添加到平面视图中时，将底剪裁平面设置为高于当前标高，则梁在该视图中不可见

　　C. 绘制方向绘制线，或使用拾取线工具拾取其他绘制线来定义方向时，将删除以前存在的任何方向绘制线

　　D. 以上说法均正确

5.5　结构板

本工程案例中的结构板可直接利用样板自带的族类型复制得到。创建板之前，链接板的 CAD 图纸作为参照。本节以二层结构板为例进行讲解。

5.5.1　新建板的类型

（1）展开"项目浏览器"→"视图（全部）"→"结构平面"，打开 2F 结构平面视图。

（2）链接二层板结构平面 CAD 图并与轴网对齐。

（3）在"结构"选项卡"结构"面板"楼板"下拉列表中单击 "楼板：结构"按钮。

（4）单击"属性"面板中的"编辑类型"按钮，弹出"类型属性"对话框，单击"复制"按钮，将名称重新命名为"2F B1 110mm"。

（5）单击"结构"后面的"编辑按钮"，弹出"编辑部件"对话框，修改"结构［1］"的材质及厚度。

操作步骤如图 5.5.1 所示。

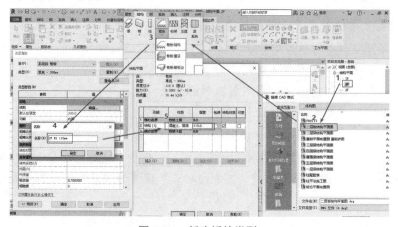

图 5.5.1　新建板的类型

5.5.2 板的创建

在本案例中，2F 的标高为 3.250 m，板在放置时默认的是板的顶标高与所在的标高对齐，故在创建二层结构板时，应该在 2F 的结构平面链接 CAD 图，并按照以下的方法创建二层板。

（1）选择新建的板类型 B1，在"修改 | 创建楼层边界"上下文选项卡"绘制"面板中单击"直线"按钮。

（2）在对应区域绘制板，若板为矩形也可以选择"矩形"命令创建。

（3）单击"完成编辑模式"按钮。

绘制步骤如图 5.5.2 所示。

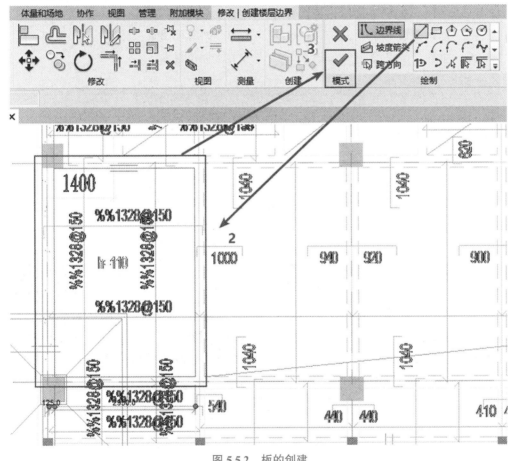

图 5.5.2　板的创建

需要注意的是，一般情况下卫生间和阳台结构板的标高会低于楼层结构标高，应根据具体图纸的标高进行修改。

完成所有二层结构板的创建，最后的完成效果如图 5.5.3 所示。

使用同样的方法，完成其他层板的创建。另存为项目文件"5.5 结构板"。

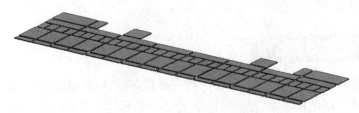

图 5.5.3　二层结构板完成效果

【学习测验】

1. 楼板的厚度决定于（　　　）。
  A．楼板结构　　　　　　　　　　　B．工作平面
  C．构件形式　　　　　　　　　　　D．实例参数
2. 应在（　　　）中绘制结构楼板轮廓。
  A．立面视图　　　　　　　　　　　B．剖面视图
  C．结构平面视图　　　　　　　　　D．详图视图

5.6 钢筋

Revit 软件为混凝土构件添加实体钢筋，如结构中的梁、板、柱、基础等。本节以梁配筋为例进行钢筋添加的讲解。

5.6.1 设置混凝土保护层

由于不同的环境类别所对应的混凝土保护层厚度不尽相同，故在使用钢筋命令添加钢筋前，需要对混凝土保护层厚度进行设置。

在项目中添加混凝土构件时，Revit 软件会对其设置默认的保护层厚度，也可以通过属性栏对保护层厚度进行修改，如图 5.6.1 所示。

视频 5.6.1　设置
混凝土保护层

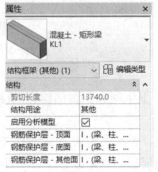

图 5.6.1　保护层厚度修改

若默认样板中没有所需的类别，可通过以下方法进行设置，如图 5.6.2 所示。

（1）单击"结构"选项卡"钢筋"面板中的"保护层"按钮。

（2）在"编辑钢筋保护层"选项栏中单击"保护层设置"按钮。

（3）在弹出的"钢筋保护层设置"对话框中，按照工程案例的环境类别选择相对应的保护层厚度或进行保护层的复制、添加、修改和删除等操作。

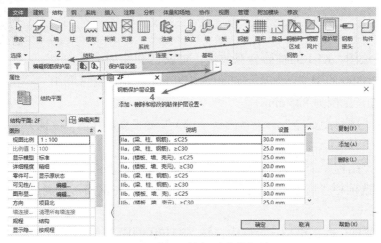

图 5.6.2　选择环境相对应的保护层

5.6.2　创建配筋视图

以一层的 1 号框架梁为例，对①轴上的 1 号框架梁在Ⓑ～Ⓒ轴之间这一跨进行配筋。

（1）展开"项目浏览器"→"视图（全部）"→"结构平面"，打开 1F 楼层结构平面视图；

（2）在"视图"选项卡"创建"面板"立面"下拉列表中单击"框架立面"按钮；

视频 5.6.2　创建配筋视图

（3）添加立面视图，如图 5.6.3 所示。

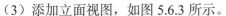

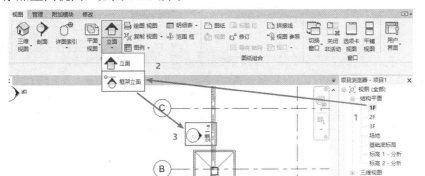

图 5.6.3　创建框架立面

173

5.6.3　放置钢筋

梁内的钢筋一般主要由纵筋和箍筋构成，由于最外层是箍筋，为了便于确定纵筋的定位，通常先配置箍筋，再配置纵筋。

视频 5.6.3　放置钢筋

1. 创建箍筋

根据梁平法图，KL1 的箍筋为双肢箍，加密区和非加密区均为 8 mm 直径 HPB300 的钢筋，加密区间距为 100 mm，非加密区间距为 200 mm，加密范围为 825 mm。

（1）展开"项目浏览器"→"视图（全部）"→"立面（内部立面）"，打开 1-a 立面视图。

（2）单击"结构"选项卡"钢筋"面板中的"钢筋"按钮。

（3）单击选项栏"启动 | 关闭钢筋形状浏览器"，在钢筋形状浏览器中选择"钢筋形状：33"。

（4）在"属性"面板类型选择器中选择"8 HPB300"钢筋，单击"修改 | 放置钢筋"上下文选项卡"放置方向"面板中的"垂直于保护层"按钮，将"钢筋集"中布局改为"最大间距"，间距为"100.0 mm"，如图 5.6.4 所示。

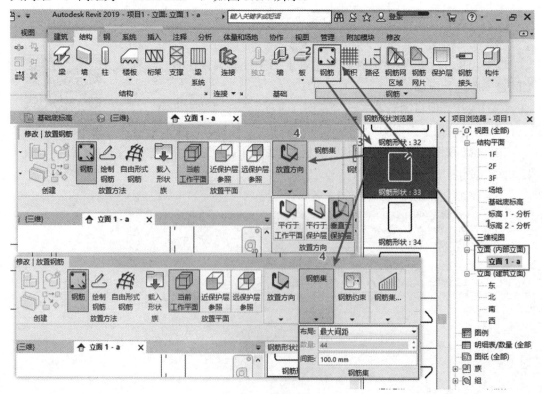

图 5.6.4　设置箍筋类型

（5）单击 KL1 放置钢筋。

（6）根据箍筋设置要求，单击"结构"选项卡"工作平面"面板中的"参照 平面"按钮。

（7）先在梁的一端绘制两个参照平面，用以确定一端加密箍筋的位置。

（8）按 Tab 键选择箍筋，将上面建好的箍筋全部调整到一端的加密范围。

（9）单击"修改"面板的"镜像 – 绘制轴"按钮，完成右端加密区箍筋创建，如图 5.6.5 所示。

（10）梁中部的非加密区钢筋也使用调整加密区箍筋的方法进行创建。

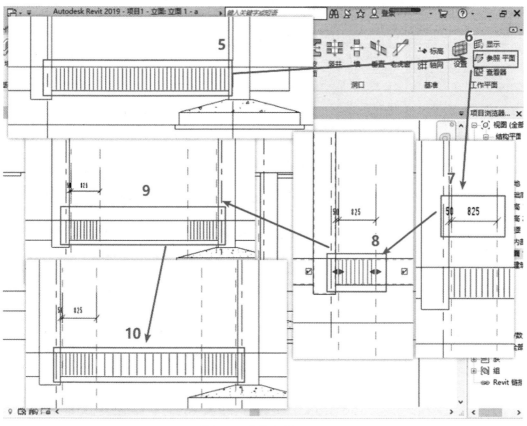

图 5.6.5　箍筋完成立面图

2. 创建纵筋

根据梁平法图，1 号框架梁在此跨内上部、中部、下部均有纵向钢筋。以梁顶角部 HRB400 的钢筋为例，创建梁纵筋。

（1）单击"视图"选项卡"创建"面板中的"剖面"按钮。

（2）在梁中部创建剖面视图。

（3）双击剖面 1，转到剖面视图。

（4）单击"结构"选项卡"钢筋"面板中的"钢筋"按钮，在钢筋形状浏览器中选择"钢筋形状：01"，在"属性"面板类型选择器中选择"16 HRB500"，如图 5.6.6 所示。

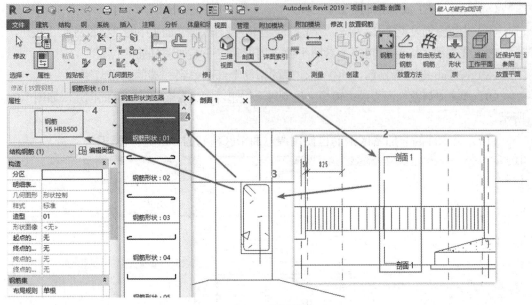

图 5.6.6　设置纵筋类型

（5）单击"修改 | 放置钢筋"上下文选项卡"放置方向"面板中的"垂直于保护层"按钮，"钢筋集"中布局改为"单根"，如图 5.6.7 所示。

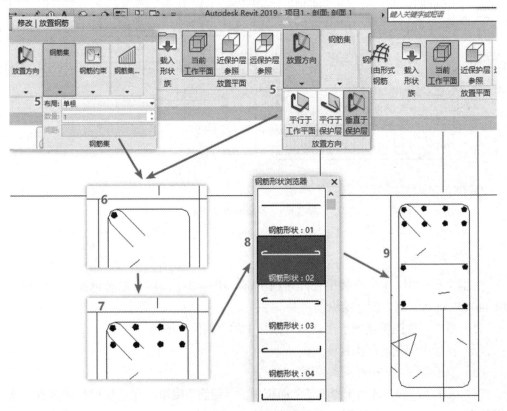

图 5.6.7　布置纵筋

（6）将纵筋放到合适位置。

（7）按此方法完成其余纵筋，注意钢筋间距，故在放置其他纵筋时，应创建参照平面确定钢筋定位。

（8）由于梁中存在抗扭钢筋，故还需要添加拉筋，在剖面视图中，选择"钢筋形状：02"。

（9）按 Space 键可以改变拉筋的方向，选择合适的方向和位置放置好两根拉筋。

完成后的梁断面图，如图 5.6.8 所示。

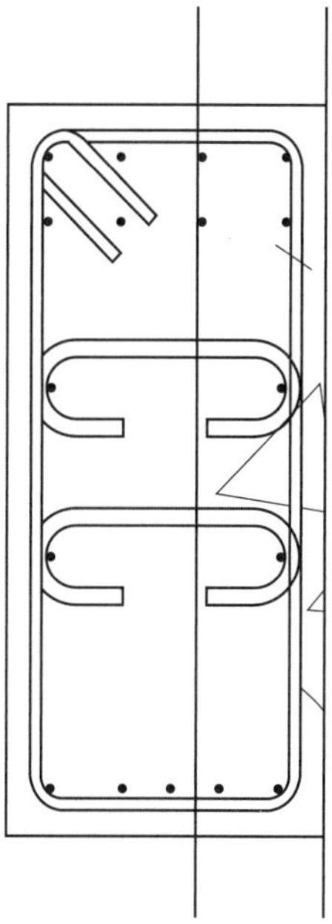

5.6.4 显示实体钢筋

钢筋在 Revit 软件的三维视图中默认使用单线条，而非实体形状。若需要显示出真实的钢筋效果，需要进行相关修改设置，如图 5.6.9 所示。

（1）框选所有构件，切换至"修改 | 选择多个"上下文选项卡，单击"选择"面板中的"过滤器"按钮。

（2）选择已创建的钢筋。

（3）在"属性"面板中，单击选择"视图可见性状态"后面的"编辑"按钮。

（4）在弹出的"钢筋图元视图可见性状态"对话框中，勾选"三维视图、{ 三维 }"栏的"清晰的视图"和"作为实体查看"。

设置完成后，转到三维视图，真实效果如图 5.6.10 所示。另存为项目文件"5.6 钢筋"。

图 5.6.8 完成后的梁断面图

视频 5.6.4 显示实体钢筋

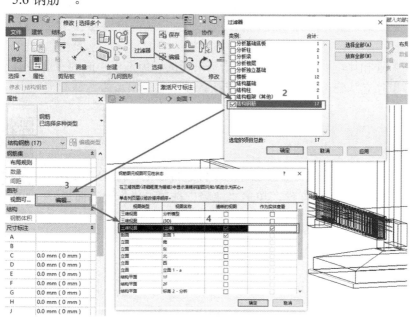

图 5.6.9 设置显示实体钢筋

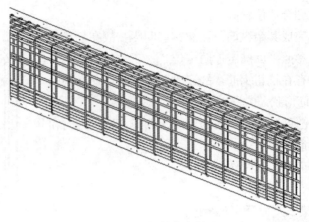

图 5.6.10　钢筋真实效果

【学习测验】

1. 在（　　）中创建梁纵筋。
  A．立面视图   B．剖面视图
  C．结构平面视图   D．详图视图
2. 在选择有效的主体图元时，"结构"选项卡的"钢筋"面板或"修改"选项卡上将出现钢筋工具。（　　）
  A．正确   B．错误

5.7　统计明细表

与建筑专业相比，明细表的创建方法是一样的。但是，不同的专业会有不同的统计要求。本节以独立基础为例进行明细表统计。

5.7.1　构件标记

在统计明细表前，应先将需要统计的构件进行标记。打开第二节所创建的"5.2 基础"项目文件，单击"注释"选项卡"标记"面板中的"全部标记"按钮，如图 5.7.1 所示。

视频 5.7.1　构件标记

图 5.7.1　基础标记

5.7.2 创建明细表

（1）单击"视图"选项卡"创建"面板"明细表"下拉列表中的
"明细表 / 数量"按钮，新建明细表。

（2）在弹出的"新建明细表"对话框的"过滤器列表"中选择"结
构"，在"类别"中选择"结构基础"，用来创建"结构基础明细表"。

（3）单击"新建明细表"对话框的"确定"按钮，弹出"明细
表属性"对话框。

视频 5.7.2　创建
明细表

（4）按照工程实际的需求，添加需要显示的字段，此处列举几个常用的字段。

（5）在"排序 / 成组"栏中设置排序方式，选择需要使用的排序，最重要的是将"逐
项列举每个实例"前的对钩去掉，否则不能进行合计统计。

操作步骤如图 5.7.2 所示。

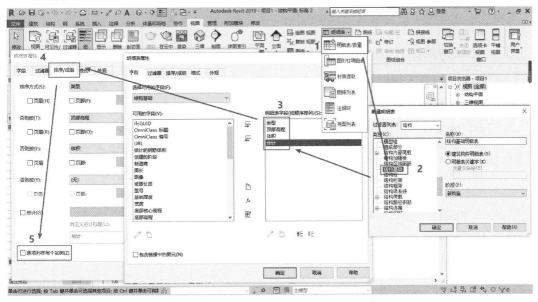

图 5.7.2　创建明细表

5.7.3 生成明细表

在所有设置完成后，单击"确定"按钮生成明细表，统计出的相关数据，如图 5.7.3
所示。

<结构基础明细表>			
A	**B**	**C**	**D**
类型	顶部标高	体积	合计
J1	-850	3.143 m³	1
J1	-800	3.564 m³	1
J2	-800	11.082 m³	4
J3	-800	6.710 m³	4
J4	-800	22.411 m³	4
J4	-700	7.047 m³	1
J5	-800	19.365 m³	4
J6	-800	2.673 m³	1
J7	-800	3.700 m³	3
J8	-800	11.754 m³	3
J9	-700	14.856 m³	2
J10	-800	2.670 m³	1
J11	-800	50.247 m³	9
垫层	-1400	41.726 m³	31

图 5.7.3　结构基础明细表

根据上述方法可以完成其他结构构件的明细表，此处不再赘述。

【学习测验】

1. 下列关于编辑明细表操作的描述，错误的是（　　　）。

　　A. 在创建明细表后，可能需要按成组列修改明细表的组织和结构

　　B. 通过在明细表中单击单元格可以编辑该单元格

　　C. 对于按类型成组的明细表，对类型的修改会传递到项目中同类型的全部实例

　　D. 对于按类型成组的明细表，对类型的修改不会自动传递到项目中同类型的全部实例

2. 在 Revit 软件中，提供了（　　　）种明细表视图。

A. 3　　　　　　　　B. 4　　　　　　　　C. 5　　　　　　　　D. 6

第 六 章

族及常用构件创建

学习目标

1. 了解 BIM 建模创建的构件类型、构件参数、概念体量的基本概念；
2. 熟悉构件三维形状的创建、体量的创建及应用等；
3. 掌握构件的属性参数编辑方法及创建的一般步骤和方法。

学习导图

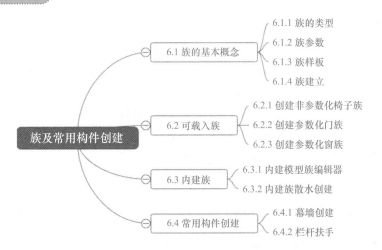

族及常用构件创建
- 6.1 族的基本概念
  - 6.1.1 族的类型
  - 6.1.2 族参数
  - 6.1.3 族样板
  - 6.1.4 族建立
- 6.2 可载入族
  - 6.2.1 创建非参数化椅子族
  - 6.2.2 创建参数化门族
  - 6.2.3 创建参数化窗族
- 6.3 内建族
  - 6.3.1 内建模型族编辑器
  - 6.3.2 内建族散水创建
- 6.4 常用构件创建
  - 6.4.1 幕墙创建
  - 6.4.2 栏杆扶手

6.1 族的基本概念

6.1.1 族的类型

族是 Revit 软件中最基本的图形单元。一般情况下，按使用特征不同，将族分为系统族、可载入族、内建族三种。本章所讲的均为可载入族和内建族。

因为可载入族具有自定义的特征，所以它是 Revit 软件中经常创建和修改的。与系统族不同，可载入族是在外部 .rfa 文件中创建的，并可以载入到项目中进行相关修改。一般用于创建下列构件的族：建筑构件，如门、窗、家具等；系统构件，如卫浴装置、锅炉、热水器等；注释图元，如符号等。

与可载入族不同，内建族是在当前项目中创建的族，只能储存在当前的项目文件里并使用，不能单独存成 RFA 文件，也不能载入到别的项目中使用。

6.1.2 族参数

在绘图过程中，经常应用图元"属性"面板和"类型属性"对话框，调节构件的类型参数和实例参数。这两者的主要区别是：类型参数一般应用于全体，也就是说在项目中只要修改一个的数值，其他的数值也都会随之发生变化，并且要在属性的"编辑类型"中进行修改；而实例参数一般应用于个体，也就是说在项目中每个个体的参数都是独立的，修改其中一个，其他的不会因此改变，在属性中可以直接进行修改。

在族的定义过程中，需要定义各种类型参数。将族导入项目中后，通过"类型属性"对话框来调节之前定义的参数来满足项目的需求。

6.1.3 族样板

在建立族时，一般会根据族的具体需求选择合适的族样板文件。打开的族样板文件中会提供类型对象默认的族参数，这些族参数可用于明细表统计时作为统计字段使用。同时，也可以根据具体需求，建立新的族参数，这些参数可以出现在项目中族的"属性"面板或"类型属性"对话框中，但是无法作为明细表统计字段。如果一定希望自定义族参数可以作为明细表统计字段，则需要使用共享参数来实现。

启动 Revit 2019，创建族时，会出现一个对话框，提示选择一个与该族所要创建的图元类型相对应的族样板，如图 6.1.1 所示。样板就相当于一个构件块，其中包含开始创建族时及在项目中放置族所必须的基础参数。软件自带族样板比较多，这些族样板主要根据类型命名，如公制结构框架、结构基础、公制门、公制柱等。也有一种类型的样板在族名称之后加上基于什么的样板，这种样板称为基于主体的族样板。对于基于主体的族样板，只有在项目中绘制完主体类型的图元后，才能将该族放置于主体类型图元中。

图 6.1.1 族样板文件

6.1.4 族建立

在公制常规模型的环境下，相关工具特点是：先选择形状的生成方式，再进行绘制。主要创建形状的方式有拉伸、融合、旋转、放样、放样融合五种。还有一种图形修改：剪切几何图形。此处不再赘述，在实际创建过程中进行讲解。

在模型创建时，需要特别注意参照平面与参照线的使用，如图 6.1.2 所示。两者都可用于对象绘制前的参照拾取，但在实际操作中多使用参照平面，能够将实体对象与参照平面进行锁定，实现用参照平面驱动实体的效果。

视频 6.1.4 族编辑器环境

图 6.1.2　基准

【学习测验】

1．Autodesk Revit 的族类型有（　　　）。

    A．系统族　　　　　　　　　　　　B．标准构件族

    C．内建族　　　　　　　　　　　　D．以上都是

2．关于系统族，下列说法不正确的是（　　　）。

    A．系统族是在 Autodesk Revit 中预定义的族，包含基本建筑构件，如墙、窗和门

    B．基本墙系统族包含定义内墙、外墙、基础墙、常规墙和隔断墙样式的墙类型

    C．不可以复制和修改现有系统族，也不能创建新系统族

    D．可以通过指定新参数定义新的族类型

3．关于标准构件族，下列说法正确的是（　　　）。

    A．不可以复制和修改现有构件族

    B．可位于项目环境外，可以将他们载入项目，从一个项目传递到另一个项目

    C．族样板可以是基于主体的样板，但不可以是独立的样板

    D．不可以根据各种族样板创建新的构件族

4．关于内建族，下列说法正确的是（　　　）。

    A．可以是特定项目中的模型构件，也可以是注释构件

    B．只能在当前项目中创建内建族，因此仅可用于该项目特定的对象

    C．创建内建族，可以选择类别，且使用的类别将决定构件在项目中的外观和显示控制

    D．以上都正确

5．下列属于标准构件族的是（　　　）。

    A．家具　　　　　　B．门　　　　　　　C．窗　　　　　　　D．墙

6．构件是可载入族的实例，并以其他图元（即系统族的实例）为主体。（　　　）

    A．正确　　　　　　B．错误

6.2 可载入族

可载入族中一般有非参数化族和参数化族两种类型。非参数化族一般针对尺寸、形状比较稳定的对象，建立此种族相对比较简单，但在后期插入项目后无法更改内容；参数化族一般针对尺寸、形状有多种样式可以选择，在建立族时需要对构件尺寸参数化处理，建立此种族难度相对较大，但在后期插入项目后可以实现在项目中的尺寸多样化。

本节通过建立一个非参数化椅子族和两个参数化族（门、窗族），由易至难地介绍常用族的创建方法及操作流程。

6.2.1 创建非参数化椅子族

在非参数化族的建立过程中，最常用的族样板是公制常规模型。根据给定尺寸创建椅子模型，坐垫材质为"皮革"，其余材质为"红木"。本次族的建立是根据给定构件标注具体尺寸的主视图、左视图及建成以后的三维图，如图 6.2.1 所示。在实际工程中，可以根据实际工程项目尺寸的手绘图纸建立，无须专门绘制 CAD 图纸。

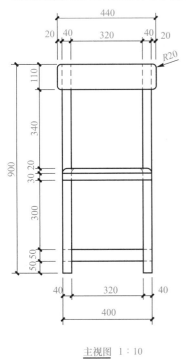

主视图 1：10

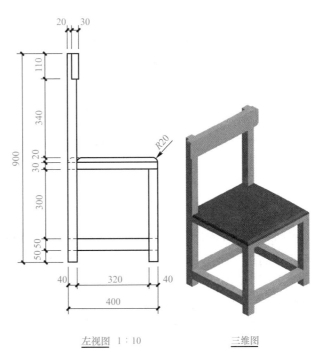

左视图 1：10　　三维图

图 6.2.1　椅子族相关视图

1. 建模准备

在已知新建族的构件尺寸及样式后，先分析族如何实现立体的方法，通过拉伸、融合、旋转、放样、空心形状等多种方法形成模型；同时，也要注意到族的建立过程的多样化，应能在多种路径中选择最优方案来建立族模型。

分析本案例，椅腿通过竖向拉伸的方式创建；椅底部水平杆件可以通过水平拉伸的方式形成，也可以通过围合的底部竖向拉伸而成；靠背四角为圆角，通过水平拉伸形成；坐垫为空间圆角，可以通过矩形拉伸后空心形状交叠形成，也可以通过放样方式创建。经过具体分析后，下面分步绘制椅子族。

2. 新建族文件

（1）启动 Revit 2019，单击"文件"→"新建"→"族"，弹出"新族 – 选择样板文件"对话框，选择"公制常规模型"，进入族编辑界面，如图 6.2.2 所示。

（2）单击"保存"按钮，选择保存位置为指定文件夹或"桌面"，输入名称为"椅子族"，然后再单击"保存"按钮。

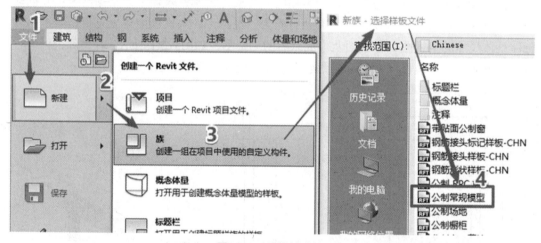

图 6.2.2　族样板选择

3. 绘制参照平面

（1）进入界面后，展开"项目浏览器"立面视图，双击"前"进入"前立面"视图。单击"创建"选项卡"基准"面板中的"参照平面"按钮，切换至"修改 | 放置 参照平面"上下文选项卡，单击"绘制"面板中的"拾取线"按钮，在选项栏分别输入偏移量100、430、900，在前立面视图建立三个参照平面，如图 6.2.3 所示。

（2）展开"项目浏览器"立面视图，双击"左"进入"左立面"视图，单击"创建"选项卡"基准"面板中的"参照平面"按钮，切换至"修改 | 放置 参照平面"上下文选项卡，单击"绘制"面板中的"拾取线"按钮，在选项栏输入偏移量400，拾取竖向基准线，绘制向右偏移400的参照平面。

（3）展开"项目浏览器"→"视图"→"楼层平面"→"参照标高"，单击"创建"选项卡"基准"面板中的"参照平面"按钮，切换至"修改 | 放置 参照平面"上下文选项卡，单击"绘制"面板中的"拾取线"按钮，在选项栏输入偏移量 400，从竖向基准线向右输入偏移量 400，如图 6.2.4 所示。

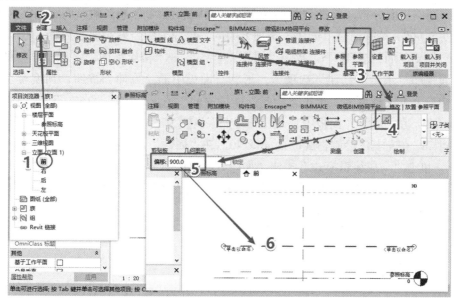

图 6.2.3　竖向前立面参照平面绘制

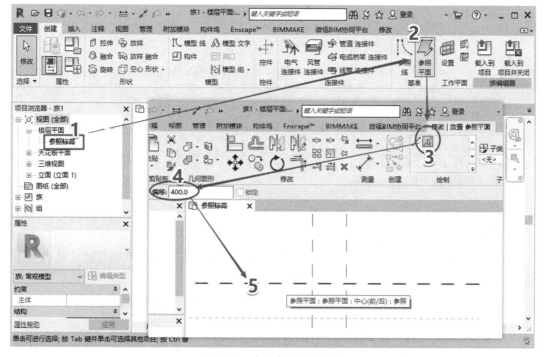

图 6.2.4　水平参照平面绘制

辅助工作的参照平面绘制完成，这一步主要为后续工作做好准备。参照平面的数量不宜过多，否则会给后续的绘制带来麻烦。

4. 绘制椅腿

根据案例视图分析，椅腿分为两种类型，椅腿断面均为 40×40，前腿高度为 430，后腿高度为 900。椅腿通过"创建"选项卡中的"拉伸"命令来实现。

（1）进入"项目浏览器"，展开"视图（全部）"→"楼层平面"，双击"参照标高"进入平面视图，单击"创建"选项卡"形状"面板中的"拉伸"按钮，切换至"修改 | 创建拉伸"上下文选项卡，单击"绘制"面板中的"矩形"按钮，在左下角绘制椅腿断面为 40×40，在"属性"面板中将"拉伸终点"设置为"430"，单击"完成编辑模式"按钮。同样，在左上角绘制椅腿断面 40×40，在"属性"面板中将"拉伸终点"设置为"900"，单击"完成编辑模式"按钮，如图 6.2.5 所示。

（2）将 1、2 号椅腿向右复制成 3、4 号椅腿，完成四条椅腿的创建，如图 6.2.6 所示。

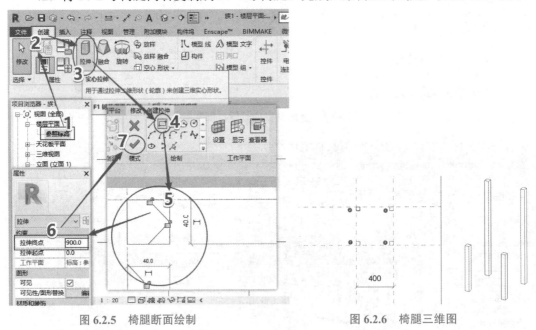

图 6.2.5　椅腿断面绘制　　　　　　　　图 6.2.6　椅腿三维图

5. 绘制椅子靠背

根据案例视图分析，椅子靠背通过前后方向"拉伸"实现。特别要注意，椅背并不是贴着椅腿边缘布置，离边缘有 20 的距离。

（1）在"楼层平面"的"参照标高"处绘制一道向下偏移 20 的参照平面，并将其设置为当前参照平面，并切换至前立面视图，如图 6.2.7 所示。

（2）单击"创建"选项卡"形状"面板中的"拉伸"按钮，绘制椅背前立面轮廓图，将"拉伸终点"设置为"50.0"，然后单击"完成编辑模式"按钮，完成椅背创建，如图 6.2.8 所示。

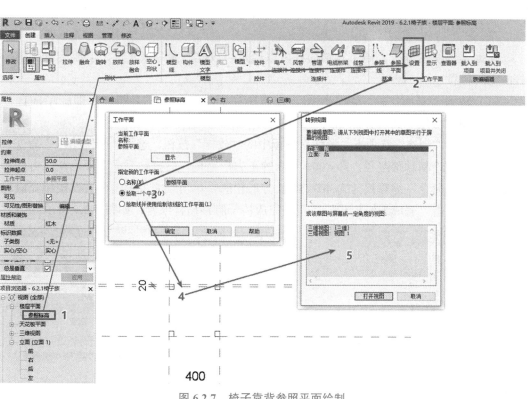

图 6.2.7　椅子靠背参照平面绘制

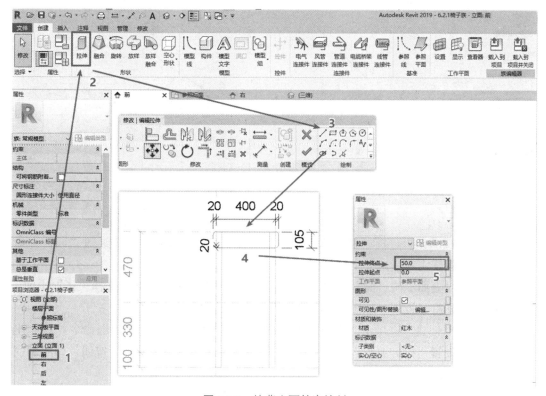

图 6.2.8　椅背立面轮廓绘制

6. 绘制椅子脚踏横杆

根据案例视图分析，椅子脚踏横杆可以通过"放样"命令来实现，但要注意脚踏横杆的空间位置。

（1）转到"立面"的"前"视图，设置距底面 100 的水平参照线，即脚踏横杆上表面，选择"楼层平面：参照标高"，并打开视图。

（2）单击"创建"选项卡"形状"面板中的"放样"按钮，选择"绘制路径"命令，围绕椅子四周绘制脚踏路径，即 400×400 的正方形路径，后打钩完成路径绘制，再选择"编辑轮廓"命令，编辑尺寸为 40×50 长方形轮廓，单击"完成编辑模式"按钮完成轮廓绘制，再单击"完成编辑模式"按钮，完成椅子脚踏横杆绘制，如图 6.2.9 所示。

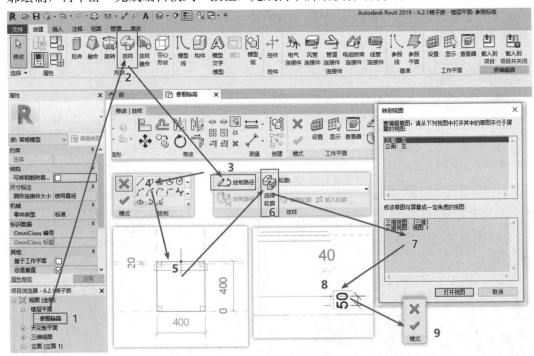

图 6.2.9 脚踏横杆轮廓绘制

7. 绘制椅子坐面及坐垫

根据案例视图分析，椅子坐面通过竖向"拉伸"命令来实现，坐垫通过"放样"命令来实现，但同样需要考虑其空间位置。

（1）转到"立面"的"前"视图，设置距底面 430 的水平参照线，选择"楼层平面：参照标高"，并打开视图，如图 6.2.10 所示。

（2）单击"创建"选项卡"形状"面板中的"拉伸"按钮，选择矩形命令，绘制坐面俯视轮廓，设置"拉伸终点"为"-30"，然后单击"完成编辑模式"按钮，即绘制完成坐面，如图 6.2.11 所示。

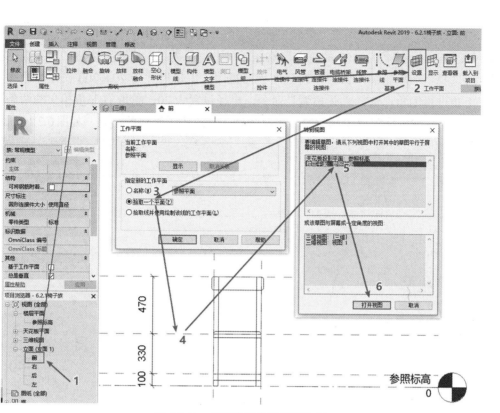

图 6.2.10　坐面坐垫参照平面绘制

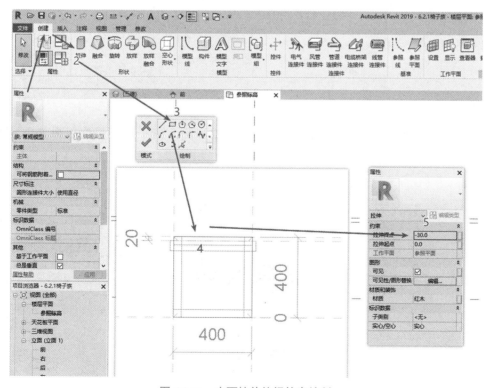

图 6.2.11　坐面拉伸俯视轮廓绘制

（3）单击"创建"选项卡"形状"面板中的"放样"按钮，选择"绘制路径"命令，围绕椅子四周绘制 400×400 的正方形路径，单击"完成编辑模式"按钮，即完成路径绘制；再选择"编辑轮廓"命令，转到右立面视图，编辑尺寸为 20×200 长方形轮廓，并对右上角进行倒角，选择"圆角弧"命令，半径设置为 20，拾取右上角相交的两条边，完成倒角，打钩确认完成轮廓编辑，再打钩确认完成椅子坐垫的绘制，如图 6.2.12 所示。

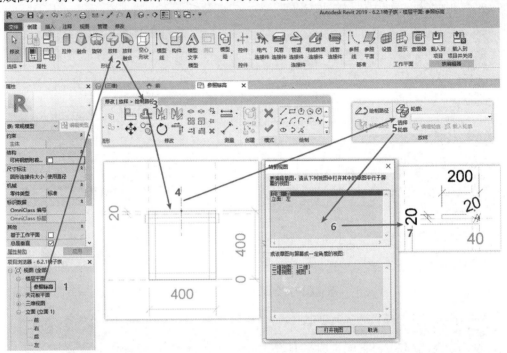

图 6.2.12　坐垫放样轮廓绘制

8. 设置材质

分别给椅子和椅垫设置相应材质。进入三维界面，椅子模型最终效果如图 6.2.13 所示。

图 6.2.13　椅子三维效果

6.2.2　创建参数化门族

门族和窗族在项目中一般是需要对尺寸进行更改的族，其创建都是基于某种公制样板文件。这里介绍两种常见的样板文件，门族采用"基于墙的公制常规模型"，窗族采用"公制窗"样板。注意两者的区别，在以后的学习与应用中，选择适合的样板文件，会达到事半功倍的效果。

视频 6.2.2　创建参数化门族

1. 新建族文件

（1）进入 Revit 软件，单击族栏目中的"新建"按钮，双击"基于墙的公制常规模型"样板，进入族的编辑界面，如图 6.2.14 所示。

（2）以案例中首层大门为例，单击"创建"选项卡"属性"面板中的"族类别和族参数"按钮，在弹出的"族类别和族参数"对话框中为创建的族指定族类别，选择"建筑"→"门"，如图 6.2.15 所示。

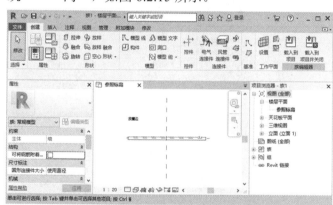

图 6.2.14　门族编辑界面

图 6.2.15　指定族类别

2. 添加参数

由于门的高度、宽度、门框和门扇等需要进行参数化，故对尺寸和材质进行参数设置。

（1）展开"项目浏览器"→"视图（全部）"→"立面"，双击"放置边"，进入放置边立面视图，分别绘制左右各 2 条门框宽度参照平面和水平方向 2 条门框宽度参照平面。中心线两侧参照平面绘制完成并尺寸标注后，点选标注中下侧"EQ"标识，均分两条参照平面，如图 6.2.16 所示。

（2）除以上参数外，还需要给门添加一个材质参数。单击"属性"面板中的"族类型"按钮，在"族类型"对话框中单击"参数"下的"添加"按钮，添加门框材质和门材质，如图 6.2.17 所示。添加完毕以后，具体参数如图 6.2.18 所示。

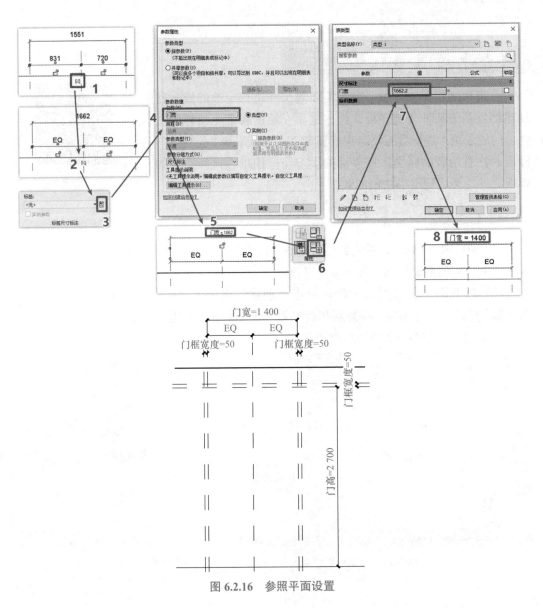

图 6.2.16　参照平面设置

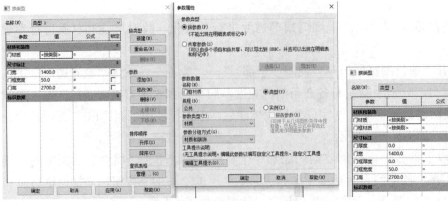

图 6.2.17　添加材质参数　　　　　图 6.2.18　门族参数

3. 模型创建

由于选择的样板文件是基于墙的族样板，首先应在墙体开洞后方能开始模型的创建，具体操作如下：

（1）单击"创建"选项卡"模型"面板中的"洞口"按钮，进行墙体开洞，如图 6.2.19 所示。

（2）切换至"修改｜创建洞口边界"上下文选项卡后，单击"绘制"面板中的"矩形"按钮绘制矩形洞口，图 6.2.20 中出现的四把锁要将其锁定，方可利用参照平面来驱动洞口大小参数。

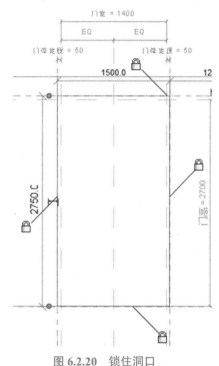

图 6.2.19　洞口命令　　　　　　　图 6.2.20　锁住洞口

（3）单击"创建"选项卡"形状"面板中的"拉伸"按钮，切换至"修改｜创建拉伸"上下选项卡，单击"绘制"面板中的"矩形"按钮，如图 6.2.21 所示。

图 6.2.21　拉伸绘制工具

（4）在绘图区域，使用"拉伸"命令绘制门框轮廓，并且单击出现的 6 个锁头，如图 6.2.22 所示。

（5）使用矩形"拉伸"命令创建左侧门扇的轮廓，出现的锁头一定要锁住，如图 6.2.23 所示。同样的方法创建右侧门扇。

195

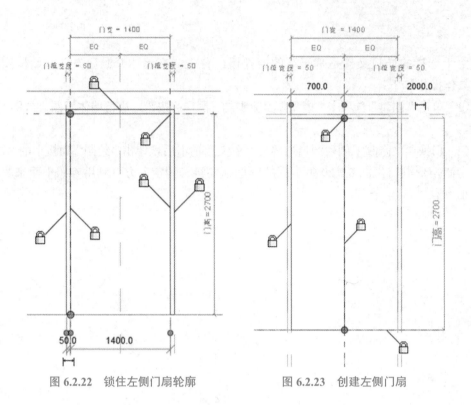

图 6.2.22　锁住左侧门扇轮廓　　　　图 6.2.23　创建左侧门扇

4. 关联厚度参数

进入"项目浏览器"，展开"视图（全部）"→"楼层平面"，双击"参照标高"进入平面视图，创建上下两侧参照平面，连续添加尺寸并均分约束，关联门框厚度参数。同样的方法关联门扇厚度参数，如图 6.2.24 所示。

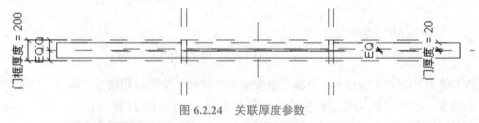

图 6.2.24　关联厚度参数

5. 关联材质参数

选中门框，单击"属性"面板"材质"后面的方框，弹出"关联族参数"对话框，设置关联参数，如图 6.2.25 所示。以同样的方法关联门扇材质。

6. 测试族

完成模型后，单击"属性"面板中的"族类型"按钮，弹出"族类型"对话框，修改各参数值，测试门的变化，检验门模型是否正确，如图 6.2.26 所示。完成后的门模型如图 6.2.27 所示。

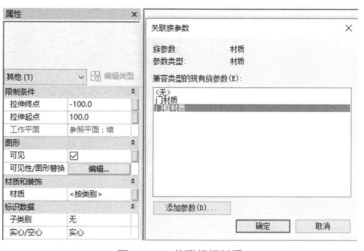

图 6.2.25 关联门框材质

图 6.2.26 修改参数值对话框

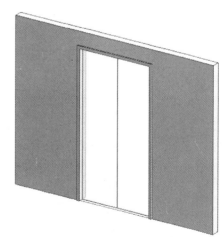

图 6.2.27 完成后的门模型

6.2.3 创建参数化窗族

1. 新建族文件

进入 Revit 软件，单击族栏目中的"新建"按钮，用鼠标左键双击"公制窗"样板，进入族的编辑界面，如图 6.2.28 所示。

视频 6.2.3 创建参数化窗族

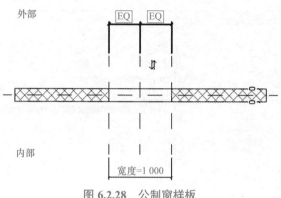

图 6.2.28　公制窗样板

2. 添加参数

（1）单击"属性"面板中的"族类型"按钮，弹出"族类型"对话框，在此对话框中添加 3 个材质参数：窗扇框材质、窗框材质和窗玻璃材质。

（2）添加尺寸参数：窗扇框厚度、窗扇框宽度、窗框厚度、窗框宽度。

（3）添加完成后，再让其中已有的参数值设置相等，即"粗略宽度"与"宽度"相等，"粗略高度"与"高度"相等。设置完成的窗族参数如图 6.2.29 所示。

图 6.2.29　设置完成的窗族参数

3. 创建窗框模型

（1）切换至外立面视图，添加参照平面，在高度和宽度方向各向里添加两个参照平面，关联窗框宽度参数。

（2）与创建门框类似，连续使用两次矩形"拉伸"命令，将出现的锁头锁住，如图 6.2.30 所示。单击"完成编辑模式"按钮，完成创建。

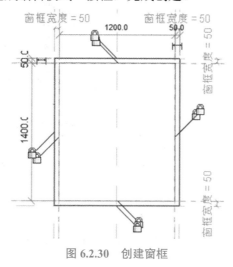

图 6.2.30　创建窗框

（3）切换至"参照标高"视图，在墙中心线两侧各添加一条参照平面，连续添加尺寸后等分（EQ）约束，再添加总尺寸并关联"窗框厚度"参数，将窗框上、下两个面与参照平面锁定，如图 6.2.31 所示。

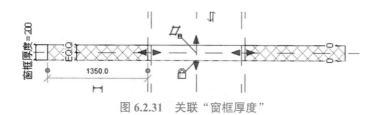

图 6.2.31　关联"窗框厚度"

（4）完成后，关联"窗框材质"参数。至此，窗框的模型创建完成。

4. 创建窗扇框模型

（1）切换至外立面视图，在中心参照平面两侧各添加一条参照平面，均分约束，并关联"窗扇框宽度"参数。

（2）单击"创建"选项卡"形状"面板中的"拉伸"按钮，完成一侧的窗扇创建，如图 6.2.32 所示。

（3）切换至"参照标高"视图，关联"窗扇框厚度"和"窗扇框材质"参数，完成一侧窗扇框的创建。

（4）使用同样的方法，完成另一侧窗扇框模型的创建，如图 6.2.33 所示。

199

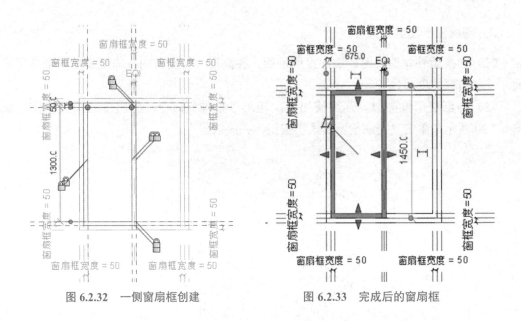

图 6.2.32　一侧窗扇框创建　　　　图 6.2.33　完成后的窗扇框

5. 创建窗玻璃

重复窗扇框的创建步骤创建窗玻璃。此处玻璃的厚度不再有参数化要求，可自行尝试添加。

6. 测试族

完成模型后，如图 6.2.34 所示，单击"属性"面板中的"族类型"按钮，弹出"族类型"对话框，修改各参数值，测试窗户的变化，检验窗模型是否正确。

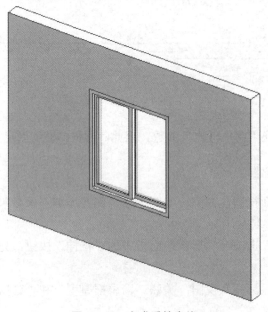

图 6.2.34　完成后的窗族

【学习测验】

1. 以下为族样板的特性的是（　　　）。
   A．系统参数
   B．文字提示
   C．常用视图和参照平面
   D．族类别和族参数
2. 族样板文件的扩展名是（　　　）。
   A．.rfa
   B．.rvt
   C．.rte
   D．.rft
3. 下列图元属于系统族的是（　　　）。
   A．结构柱
   B．楼梯
   C．门
   D．地形表面
4. 以下是族样板选用的第一原则和最重要原则的是（　　　）。
   A．族的使用方式
   B．族样板的特殊功能
   C．族类别的确定
   D．族样板的灵活运用
5. 屋顶是系统族，下列不属于 Revit 软件提供的绘制屋顶命令的是（　　　）。
   A．面屋顶
   B．放样屋顶
   C．拉伸屋顶
   D．迹线屋顶

6.3　内建族

"内建模型"命令，可以使用"实心形式"和"空心形式"的拉伸、融合、旋转、放样、放样融合等方法，在"建筑样板"项目中进行创建形状。

本节以建筑中的散水为例进行创建讲解。

视频 6.3　内建构件

6.3.1　内建模型族编辑器

（1）打开 Revit 软件，选择"建筑样板"新建项目文件，在"建筑"选项卡"构建"面板"构件"下拉列表中单击"内建模型"按钮，如图 6.3.1 所示。

图 6.3.1　新建"内建模型"

（2）在弹出的"族类别和族参数"对话框中"族类别"下选择"建筑"→"常规

201

模型"，如图 6.3.2 所示，单击"确定"按钮。

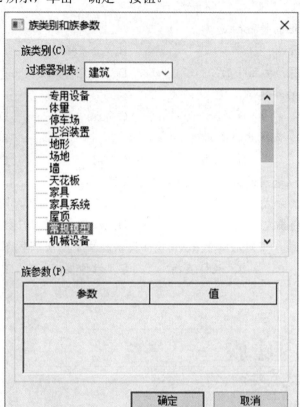

图 6.3.2　设置族类别

（3）在弹出的"名称"对话框中，将名称修改为"散水"，如图 6.3.3 所示。

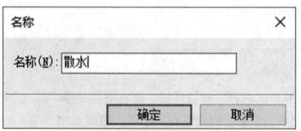

图 6.3.3　新建"散水"

此时，整个编辑界面将变成族编辑界面。在绘制散水前，链接一层建筑平面图，根据散水所在的具体位置进行绘制。

6.3.2　内建族散水创建

（1）单击"创建"选项卡"形状"面板中的"放样"按钮，如图 6.3.4 所示，自动切换至"修改｜放样"上下文选项卡。

（2）由于已经导入 CAD 图，直接单击"放样"面板中的"拾取路径"按钮，如图 6.3.5 所示，进入路径的拾取，不需要再另行绘制路径。拾取一层平面图的外墙边缘线，单击"完成编辑模式"按钮完成路径绘制。由于散水的路径是分段的，故应分段拾取、分段绘制。

（3）在"放样"面板中，单击"编辑轮廓"按钮，如图 6.3.6 所示。

图 6.3.4　放样

图 6.3.5　拾取路径

图 6.3.6　编辑轮廓

（4）在弹出的"转到视图"对话框中选择"立面：南"，如图 6.3.7 所示，单击"打开视图"按钮。

（5）单击"完成编辑模式"按钮完成轮廓绘制，如图 6.3.8 所示。然后，在"属性"面板中选择材质为"混凝土，现场浇注 –C30"，如图 6.3.9 所示。

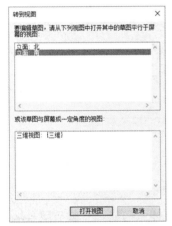
图 6.3.7　选择编辑轮廓视图

图 6.3.8　轮廓绘制

图 6.3.9　修改散水材质

（6）单击"完成编辑模式"按钮完成放样，再次单击"完成模型"按钮，完成散水的创建。进入三维视图，最后效果如图 6.3.10 所示。

图 6.3.10　散水效果

采用同样的方法可以创建屋顶檐沟，此处不再赘述。

【学习测验】

1. 以下（　　）是系统族。
   A. 天花板　　　　　B. 家具　　　　　　C. 墙下条形基础　　D. RPC

2. 在项目中直接创建的族叫作（　　）。
   A. 内建族　　　　　B. 系统族　　　　　C. 载入族　　　　　D. 嵌套族

3. 下列各类图元，属于基准图元的是（　　）。
   A. 轴网　　　　　　B. 楼梯　　　　　　C. 天花板　　　　　D. 桁架

4. 下列关于族参数顺序正确的是（　　）。
   A. 新的族参数会按字母顺序升序排列添加到参数列表中创建参数时的选定组
   B. 创建或修改族时，可以在"族类型"对话框中控制族参数的顺序
   C. 使用"排序顺序"按钮（升序和降序）为当前族的参数按字母顺序自动排序
   D. 以上均正确

5. 创建族参数时，可以添加（　　）个字符的工具提示说明。
   A. 125　　　　　　　B. 450　　　　　　　C. 250　　　　　　　D. 650

6.4　常用构件创建

6.4.1　幕墙创建

　　玻璃幕墙是建筑的外墙围护，不承重，由玻璃面板和支撑体系构成。一般玻璃幕墙的绘制方法和常规墙体相同。幕墙为系统族，由幕墙网格、竖梃和幕墙嵌板组成。外部玻璃是由幕墙复制以后修改类型得到的，根据不同网格划分进行设置布局。

　　由于本工程案例中没有玻璃幕墙，本节以案例中值班室③/Ⓔ-Ⓕ轴位置"FHMLC1"为例创建一处玻璃幕墙（具体尺寸详见本案例一层平面图和门窗大样图）。

1. 绘制幕墙

　　（1）打开 Revit 软件，选择"建筑样板"新建项目文件，单击"建筑"选项卡"构建"面板"墙"下拉列表中的"墙建筑"按钮，在"属性"面板类型选择器中选择"幕墙"，如图 6.4.1 所示。

　　（2）根据"FHMLC1"尺寸，绘制一段幕墙，与绘制一般墙体一样。由于默认的幕墙的"类型属性"中多数参数值均为"无"，如图 6.4.2 所示，所以现创建的幕墙是一整块玻璃。若所创建的玻璃幕

视频 6.4.1-1　幕墙绘制

墙为规则网格，要在类型属性中进行修改。

（3）在"属性"面板中单击"编辑类型"按钮，打开"类型属性"对话框，单击"复制"按钮，修改名称为"FHMLC1"后单击"确定"按钮，其余参数目前不做修改，单击"确定"按钮退出"类型属性"对话框。在"属性"面板中修改"无连接高度"为 2 700，用绘制墙体的方法在值班室③轴位置绘制出长度为 2 600 mm 的玻璃幕墙，单击选中幕墙，在"修改 | 墙"上下文选项卡"视图"面板中单击"选择框"按钮，查看幕墙三维视图，如图 6.4.3 所示。

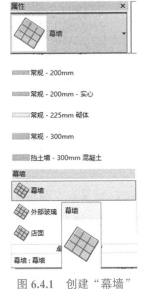

图 6.4.1　创建"幕墙"

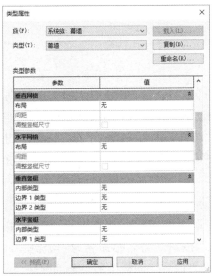

图 6.4.2　类型属性

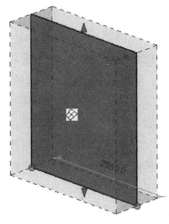

图 6.4.3　默认的"幕墙"

2. 幕墙网格

Revit 软件自带了"幕墙网格"功能，用于创建具有不规则网格的幕墙。

（1）单击"建筑"选项卡"构建"面板中的"幕墙网格"按钮，切换至"修改 | 放置 幕墙网格"上下文选项卡，如图 6.4.4 所示。

视频 6.4.1-2　幕墙网格

图 6.4.4　放置幕墙网格

（2）将鼠标光标移动到幕墙上，幕墙上会出现垂直或水平的虚线，单击即可放置网格。放置好的网格也可以通过临时尺寸进行修改。

（3）单击放置好的网格线，通过"添加 / 删除线段"的命令进行修改，如图 6.4.5 所示。

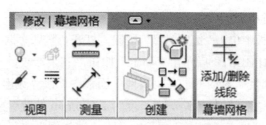

图 6.4.5　添加 / 删除网格线

（4）根据"FHMLC1"大样详图尺寸，对放置的幕墙进行网格线划分，完成整个网格线的添加，如图 6.4.6 所示。

视频 6.4.1-3　添加竖梃

3. 添加竖梃

与网格线一样，Revit 软件的"竖梃"命令用于添加不规则或个性化的幕墙竖梃。注意，竖梃必须依附于网格线才能进行放置。

（1）单击"建筑"选项卡"构建"面板中的"竖梃"按钮，切换至"修改 | 放置 竖梃"上下文选项卡，选择"网格线""单段网格线"或"全部网格线"进行竖梃的添加，如图 6.4.7 所示。

（2）在"属性"面板类型选择器中，选择与工程图纸实际相符的竖梃类型，列表中的竖梃也均为系统族。选择"矩形竖梃-30mm 正方形"，单击"编辑类型"按钮，弹出"类型属性"对话框，单击"复制"按钮，将名称命名为"竖梃"，单击两次"确定"按钮退出"类型属性"对话框，单击"放置"面板中的"全部网格线"按钮添加竖梃。另外，也可以通过自建竖梃族，载入到项目中添加竖梃。

（3）选择任一竖梃，切换至"修改 | 幕墙竖梃"上下文选项卡，"竖梃"面板中有"结合"和"打断"两个命令，如图 6.4.8 所示，通过此命令可以改变垂直竖梃和水平竖梃的连接方式。

（4）完成竖梃添加和修改，如图 6.4.9 所示。

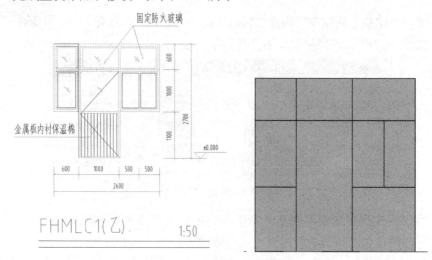

图 6.4.6　添加完成的网格线

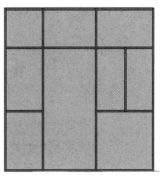

图 6.4.7　放置竖梃命令

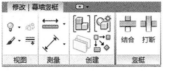

图 6.4.8　修改连接方式

图 6.4.9　幕墙竖梃添加完成

4. 嵌板选择和替换

当网格划分以后，幕墙就被分割为多块嵌板。需要编辑某一块嵌板时，可以选择后进行嵌板的替换。

（1）鼠标移到需要更换的门位置处的嵌板，按键盘上的"Tab"键切换，并单击鼠标左键选中。

（2）单击"属性"面板的"类型属性"按钮，弹出"类型属性"对话框，单击"族"后的"载入"按钮，弹出"打开"对话框，选择"建筑"→"幕墙"→"门窗嵌板"→"门嵌板_单开门1"，单击"打开"按钮，载入门窗嵌板族，如图 6.4.10 所示。单击"确定"按钮关闭"类型属性"对话框，即可完成门嵌板的替换，如图 6.4.11 所示。

视频 6.4.1-4　嵌板选择与替换

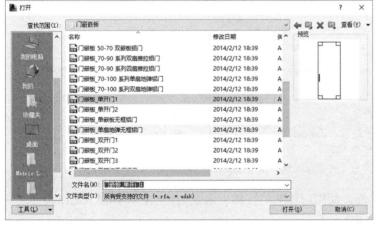

图 6.4.10　载入门族

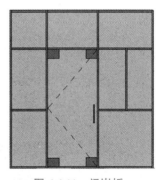

图 6.4.11　门嵌板

（3）使用同样的方法完成窗户处嵌板的替换。

6.4.2　栏杆扶手

若项目中没有需要的栏杆扶手样式时，就需要定制一个新的栏杆扶手类型载入到项

207

目中。以工程案例中的阳台栏杆扶手为例，定制一个新的类型。

1. 栏杆扶手绘制

（1）新建"族"，在"新族－选择样板文件"对话框中双击"公制常规模型"。

（2）切换至前立面视图，创建与扶手高度相关的参照平面。

（3）切换至左立面视图，单击"创建"选项卡"形状"面板的"拉伸"按钮，切换至"修改|创建拉伸"上下文选项卡，单击"绘制"面板的"矩形"按钮，参照门框的建立，连续两次拉伸，创建空心扶手，如图 6.4.12 所示。

（4）单击"修改"面板的"复制"按钮，勾选选项栏的"约束""多个"复选框，复制出其余两个扶手。三个拉伸创建好后如图 6.4.13 所示。

（5）切换至前立面视图，单击"修改"面板的"对齐"按钮修改拉伸起点和终点。创建好的扶手立面如图 6.4.14 所示。

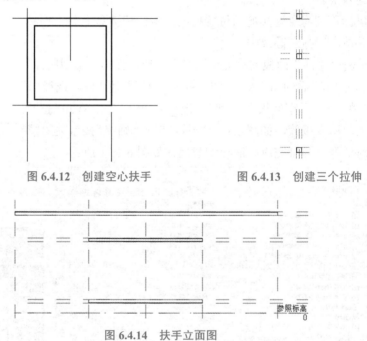

图 6.4.12　创建空心扶手　　　　图 6.4.13　创建三个拉伸

图 6.4.14　扶手立面图

（6）切换至参照标高平面，使用同样的"拉伸"命令创建栏杆，如图 6.4.15 所示。

图 6.4.15　栏杆扶手立面图

（7）选中全部栏杆、扶手，在"属性"面板中将材质改为"钢，镀锌"，完成后的效果如图 6.4.16 所示。

图 6.4.16　阳台栏杆扶手效果

2. 坡道栏杆扶手绘制

由于坡道的扶手是折线形，故在创建时不能仅仅依靠"拉伸"命令来完成。此处，介绍一种放样的命令。

（1）新建"族"，在"新族 - 选择样板文件"对话框中双击"公制常规模型"，在前立面视图和左立面视图根据详图创建相关参照平面。

视频 6.4.2-2　坡道
栏杆扶手

（2）切换至前立面视图，单击"创建"选项卡"形状"面板的"放样"按钮，切换至"修改 | 放样"上下文选项卡，单击"放样"面板的"绘制路径"按钮，如图 6.4.17 所示。绘制出单根扶手的路径，如图 6.4.18 所示，单击"完成编辑模式"按钮，完成路径绘制。

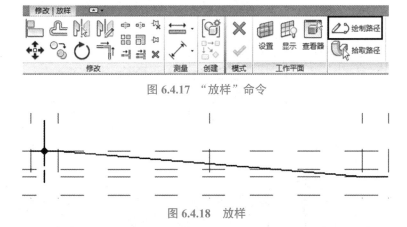

图 6.4.17　"放样"命令

图 6.4.18　放样

（3）单击"放样"面板中的"编辑轮廓"按钮，如图 6.4.19 所示。弹出"转到视图"对话框，选择任一立面视图，单击"打开视图"，切换至"修改 | 放样"→"编辑轮廓"上下文选项卡，单击"绘制"面板的"圆形"按钮画出扶手轮廓，如图 6.4.20 所示。

（4）连续单击"完成编辑模式"按钮，完成放样。完成单根扶手绘制，如图 6.4.21 所示。

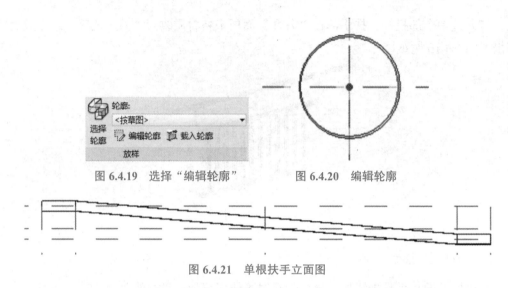

图 6.4.19 选择"编辑轮廓"　　　　图 6.4.20 编辑轮廓

图 6.4.21 单根扶手立面图

（5）选中创建的扶手，在"属性栏"面板添加"不锈钢"材质。

（6）切换至左立面视图，单击"修改"面板中的"移动"按钮将扶手移动到一侧的指定位置，再单击"复制"按钮和"镜像"按钮完成其余三根扶手的绘制。

（7）与阳台栏杆的创建方法一样，选择"拉伸"命令创建栏杆，并在"属性"面板添加"不锈钢"材质。

（8）单击"修改"面板中的"阵列"按钮，创建出一侧的所有栏杆，如图 6.4.22 所示。注意，使用"阵列"命令时，需要将阵列的对象进行解锁，即"取消关联工作平面"，如图 6.4.23 所示。

（9）选择创建好的栏杆，使用"镜像"命令，创建另一侧的栏杆，如图 6.4.24 所示。

图 6.4.22 阵列一侧栏杆　　　　图 6.4.23 取消关联工作平面

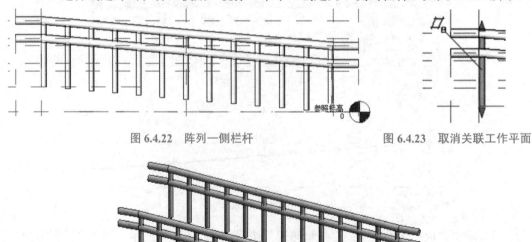

图 6.4.24 坡道栏杆效果

【学习测验】

1. 要对完成的幕墙自动划分幕墙网格，可采用（   ）命令操作。

    A. 幕墙系统　　　　　　　　　　B. 幕墙网格

    C. 竖梃命令　　　　　　　　　　D. 编辑幕墙类型属性

2. 使用"公制栏杆—支柱"族模板建立栏杆族时，（   ）参照平面决定栏杆的最终高度。

    A. 支柱顶部　　　　　　　　　　B. 顶

    C. 中心（前 / 后）　　　　　　　D. 中心（左 / 右）

3. 在"编辑栏杆位置"对话框中，可以（   ）。

    A. 设置栏杆主样式和支柱的轮廓　　B. 设置栏杆主样式和支柱的位置

    C. 设置栏杆主样式和支柱的材质　　D. 设置扶手的轮廓

第一章　第二章　第三章　第四章　第五章　第六章　第七章

第七章

装饰专业模型创建

第 七 章

学习目标

1. 掌握墙面、楼地面、吊顶模型建立的方法；
2. 熟悉家具、房间的布置；
3. 了解渲染和漫游的设置。

学习导图

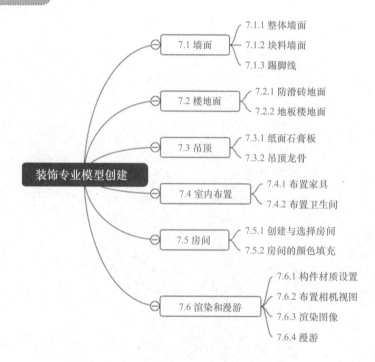

装饰专业模型创建

- 7.1 墙面
  - 7.1.1 整体墙面
  - 7.1.2 块料墙面
  - 7.1.3 踢脚线
- 7.2 楼地面
  - 7.2.1 防滑砖地面
  - 7.2.2 地板楼地面
- 7.3 吊顶
  - 7.3.1 纸面石膏板
  - 7.3.2 吊顶龙骨
- 7.4 室内布置
  - 7.4.1 布置家具
  - 7.4.2 布置卫生间
- 7.5 房间
  - 7.5.1 创建与选择房间
  - 7.5.2 房间的颜色填充
- 7.6 渲染和漫游
  - 7.6.1 构件材质设置
  - 7.6.2 布置相机视图
  - 7.6.3 渲染图像
  - 7.6.4 漫游

装饰专业是建筑设计的重要组成部分，主要包括设计准备阶段、方案设计阶段、施工图设计阶段和设计实施阶段。本章结合宿舍楼实例来讲解 Revit 软件装饰相关工作的方法、技巧及流程。

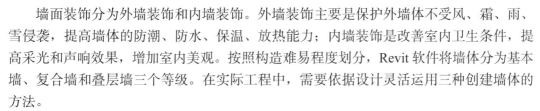

7.1 墙面

墙面装饰分为外墙装饰和内墙装饰。外墙装饰主要是保护外墙体不受风、霜、雨、雪侵袭，提高墙体的防潮、防水、保温、放热能力；内墙装饰是改善室内卫生条件，提高采光和声响效果，增加室内美观。按照构造难易程度划分，Revit 软件将墙体分为基本墙、复合墙和叠层墙三个等级。在实际工程中，需要依据设计灵活运用三种创建墙体的方法。

（1）添加墙体结构构件：墙体结构构件有很多，Revit 软件现阶段提供如构造层、墙饰条、分隔缝设置于墙内。而复杂的墙面造型需借助于"基于墙构件族"完成。

（2）属性为"墙体"的内建模型：单击"常用"选项卡下"构件"→"内建模型"命令。

（3）基于墙构件族：创建"基于墙的"公制类构件，如公制常规模型、公制卫浴装置等。

（4）外部导入模型：用于辅助信息构件创建，且能满足更高造型及协作需求（链接 .sat 文件），如导入 Sketchup、Rhino 模型。

建议创建思路：

（1）建筑墙体与室内墙面装饰合并设置：此方法可以将室内装饰构件编辑到建筑墙体中，但在墙面装饰构造变化多时不够灵活。若需实现较准确装饰，还需借助"零件"功能。这种设置适用于大面积、有规律的墙面装饰，效率较高。

（2）建筑墙体与室内墙面装饰分开设置：当墙面装饰复杂、变化大时，可以灵活运用上述 4 种方式单独创建装饰层。这样，装饰层与建筑层层次分明，有利于后期修改管理及与其他专业协作。

7.1.1 整体墙面

1. 添加内墙面构造层

查阅案例图纸［图纸在 QQ 群（325115904）共享文件下载］，案例图纸中的"材料构造做法"，见表 7.1.1，表中"内墙 1"为乳胶漆墙面。

视频 7.1.1 整体墙面

213

表 7.1.1　材料构造做法（建施 04/19）

编号	名称（部位）	具体做法
内墙 1	除卫生间、洗衣房 1.8 m 以上、走道 1.2 m 以上外所有房间。 乳胶漆墙面 参苏 J01–2005–9/5	（1）内墙乳胶漆两遍； （2）刮内墙腻子一遍； （3）20 mm 厚（两次粉刷）WPM10 砂浆打底糙平，粉面压实抹光； （4）墙体（基层喷浆）

以一层内墙为例，通过修改墙体属性添加装饰构造层。

（1）打开之前已完成的建筑模型，在 1F 平面视图中，选中做法为乳胶漆墙面的任一内墙，如图 7.1.1 所示。

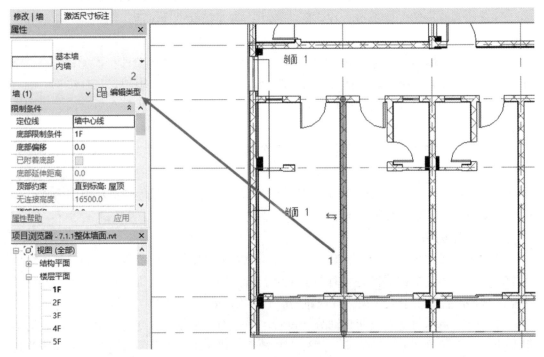

图 7.1.1　选中墙体→编辑类型

（2）单击"属性"面板中的"编辑类型"按钮，弹出"类型属性"对话框，单击"复制"按钮，将名称命名为"内墙 1"。

（3）在"类型属性"对话框中，单击"结构"后面的"编辑"按钮，弹出"编辑部件"对话框，单击"插入"按钮，并通过"向上"和"向下"调整层次，注意按照墙面的构造做法依次添加，如图 7.1.2 所示。

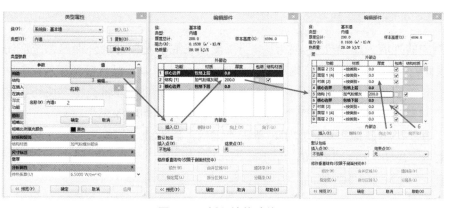

图 7.1.2　插入墙体功能层

（4）根据墙面材料做法，添加各装饰层的厚度和材质类型，如图 7.1.3、图 7.1.4 所示。

（5）按 Ctrl 键并单击选择其余内墙 1，将"类型属性"对话框中的"类型"选择为"内墙"→"内墙 1"，则其余同类型墙体将全部设置为乳胶漆墙面，如图 7.1.5 所示。

图 7.1.3　编辑墙体功能层

图 7.1.4　乳胶漆墙面构造层次　　　图 7.1.5　墙体类型修改

215

2. 添加外墙面构造层

案例中的外墙为保温外墙，做法参照《复合发泡水泥板外墙外保温系统应用技术规程》（苏 JG/T 041—2011）。与内墙面添加功能层做法相似，可直接添加外墙面构造层。

（1）先单击选中任意外墙，再单击"属性"面板中的"编辑类型"按钮，弹出"类型属性"对话框，单击"复制"按钮，将名称命名为"外墙保温"。

（2）在"类型属性"对话框中，单击"结构"后面的"编辑"按钮，弹出"编辑部件"对话框，单击"插入"按钮，并通过"向上"和"向下"调整层次。墙体的"外部边"即外墙面，"内部边"即内墙面，如图 7.1.6、图 7.1.7 所示。

图 7.1.6 外墙结构层

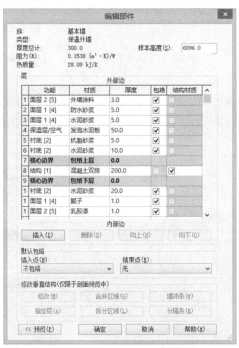

图 7.1.7 保温外墙构造层次

（3）按 Ctrl 键并单击选择其余保温外墙，将"类型属性"对话框中的"类型"选择为"保温外墙"，则其余同类型墙体将全部设置完成。

7.1.2 块料墙面

方法一：利用软件自带墙体

创建案例中"内墙 2"为 250×335×5 暗花纹陶瓷釉面砖，即单独创建装饰层。

（1）单击"建筑"选项卡"构建"面板中的"墙"下拉列表中的"墙：建筑"按钮，"属性"面板中单击"编辑类型"按钮。在弹出的"类型属性"对话框中，选择"类型"为"常规 -200 mm"，单击

视频 7.1.2 块料墙面

"复制"按钮，将名称命名为"暗花纹陶瓷釉面砖"。单击"确定"按钮，再单击"结构"后的"编辑"按钮，打开"编辑部件"对话框，修改厚度为"5.0"，如图7.1.8所示。

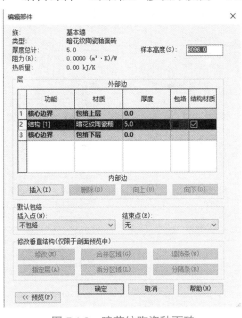

图 7.1.8　暗花纹陶瓷釉面砖

（2）继续打开"材质浏览器"，新建材质并命名为"暗花纹陶瓷釉面砖"，如图 7.1.9 所示。

（3）在"材质浏览器"中单击"图形"选项卡，在"编辑图案特性–模型"对话框中新建填充图案名称为"250×335"，如图 7.1.10 所示，依次单击"确定"按钮，完成墙体定义。

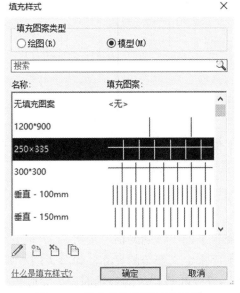

图 7.1.9　暗花纹陶瓷釉面砖设置　　图 7.1.10　暗花纹陶瓷釉面砖表面填充

（4）墙体定义完成后，依次在平面视图上相应位置绘制，注意卫生间、洗衣房及走道墙体绘制高度设置，如图 7.1.11、图 7.1.12 所示。

图 7.1.11　卫生间、洗衣房墙体高度设置　图 7.1.12　走廊墙体高度设置

卫生间西侧墙体完成效果如图 7.1.13 所示。

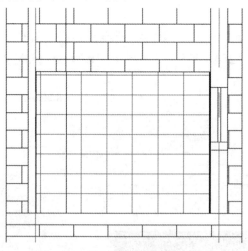

图 7.1.13　卫生间西侧墙体完成效果

方法二：利用软件自带幕墙创建

（1）单击"建筑"选项卡"建筑"面板下的"幕墙网格"按钮。

（2）通过幕墙的水平和竖向网格的大小来定义瓷砖的尺寸，如图 7.1.14 所示。

（3）通过导入幕墙嵌板（采用方法一设置的暗花纹陶瓷釉面砖）完成瓷砖的放置，砖缝可以通过竖梃设置，如图 7.1.15 所示。

（4）将做好的幕墙吸附到原有的墙面上，完成瓷砖墙面的绘制。除有墙砖效果外，幕墙方法还可以统计材料用量。

图 7.1.14　幕墙设置参数

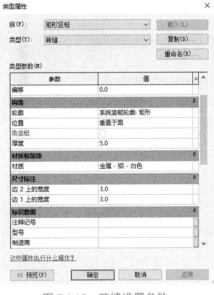

图 7.1.15　砖缝设置参数

7.1.3　踢脚线

（1）利用公制轮廓模型绘制踢脚线轮廓，如图 7.1.16 所示，命名为"族 1"并载入项目中。

（2）在三维视图中，单击"建筑"选项卡"构建"面板"墙"下拉列表中的"墙：饰条"按钮，单击"属性"面板的"编辑类型"按钮，弹出"类型属性"对话框，如图 7.1.17 所示。

（3）在"类型属性"对话框中单击"复制"按钮，将名称命名为"踢脚线"，并将"轮廓"设置为刚刚加载的"族 1"。

（4）编辑"基本墙－内墙"的类型属性，单击"结构"编辑，单击左下方"预览"按钮，如图 7.1.18 所示。

视频 7.1.3　踢脚线

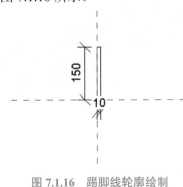

图 7.1.16　踢脚线轮廓绘制

219

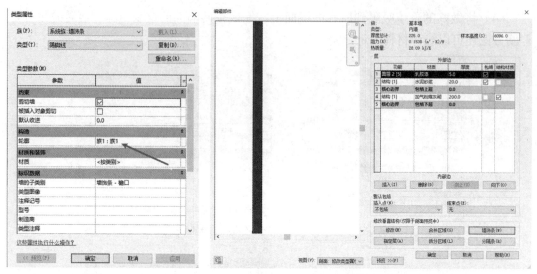

图 7.1.17　墙饰条类型属性设置界面　　　　图 7.1.18　墙饰条剖面设置

（5）在"编辑部件"对话框中，单击"墙饰条"按钮，在"墙饰条"对话框中进行设置，如图 7.1.19 所示，单击"确定"按钮后退出。

图 7.1.19　墙饰条高度设置

（6）墙踢脚线完成效果如图 7.1.20 所示。

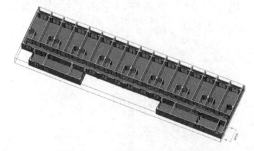

图 7.1.20　踢脚线完成效果

（7）在三维视图中，单击"建筑"选项卡"构建"面板"墙"下拉列表中的"墙：饰条"按钮，分别单击需要安装墙饰条的墙面，同样可以达到图 7.1.20 所示的效果。

【学习测验】

1.【多选】Revit 软件中的基本墙族分为（　　）三种类型。

　　A. 基本墙　　　　B. 复合墙　　　　C. 叠层墙　　　　D. 建筑墙

2.【多选】块料墙面创建的方法有（　　）。

　　A. 结构墙　　　　B. 建筑墙　　　　C. 幕墙　　　　D. 族

7.2 楼地面

楼地面工程中地面构造一般为面层、垫层和基层（素土夯实）；楼层地面构造一般为面层、填充层和楼板。当地面和楼层地面的基本构造不能满足使用或构造要求时，可增设结合层、隔离层、填充层、找平层等其他构造层次。

下面结合案例讲述两种楼地面的创建思路：卫生间、阳台及有防水要求的防滑砖地面，单独取一个宿舍内部进行地板铺装。

7.2.1 防滑砖地面

方法一：利用楼板建立防滑砖地面

（1）卫生间、阳台等部位具有防水要求，因此单击"建筑"选项卡→"楼板"→"楼板：建筑墙"，新建楼板，定义名称为防水楼板，设置构造，如图 7.2.1 所示。

视频 7.2.1　防滑砖地面

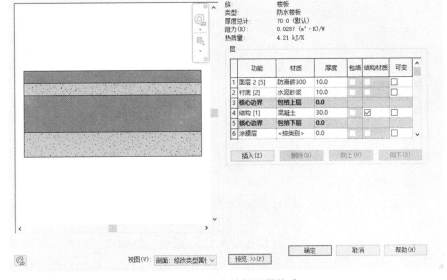

图 7.2.1　防水楼板设置构造

221

（2）进入"材质浏览器－防滑砖300×300"对话框，参照7.1.2块料墙面材质定义，定义暗花纹陶瓷釉面砖，定义防滑砖材质为"防滑砖300×300"，如图7.2.2～图7.2.4所示。

图 7.2.2　防滑砖材质

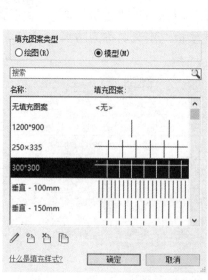

图 7.2.3　防滑砖填充图案界面

图 7.2.4　新建防滑砖填充图案

（3）在楼层平面视图上，以绘制楼板的形式分别在卫生间及阳台绘制防滑砖地面。绘制时注意楼板标高的偏移，以卫生间楼板高度作为偏移高度，防止与原来楼板重合，如图7.2.5所示。

（4）完成效果如图 7.2.6 所示。

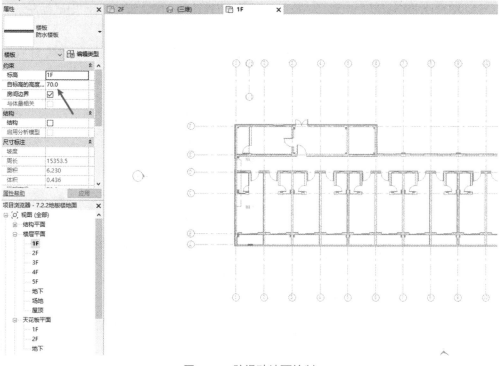

图 7.2.5　防滑砖地面绘制

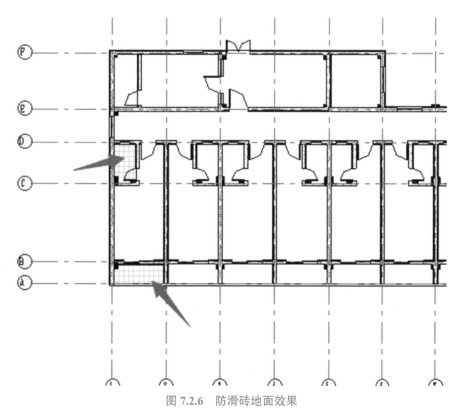

图 7.2.6　防滑砖地面效果

方法二：利用玻璃斜窗建立防滑砖地面

（1）在"项目浏览器"中展开"族"→"幕墙嵌板"→"系统嵌板"，用鼠标左键双击"实体"，弹出"类型属性"对话框。

（2）单击"复制"按钮建立新的防滑砖材质，使用方法一建立的防滑砖材质，如图 7.2.7 所示。

（3）单击"建筑"选项卡下"屋顶→迹线屋顶"命令，选择"系统族：玻璃斜窗"，复制并重命名为"防滑砖地面"，设置类型参数，如图 7.2.8 所示。

（4）采用绘制迹线屋顶的方法绘制防滑砖地面，最终完成效果如图 7.2.6 所示。

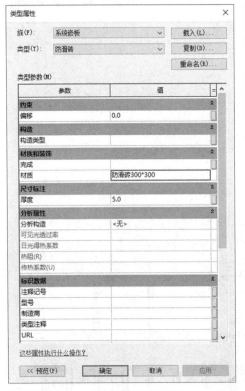

图 7.2.7 防滑砖设置参数

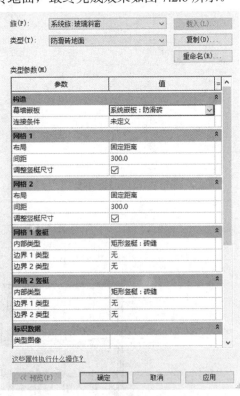

图 7.2.8 防滑砖地面设置参数

7.2.2 地板楼地面

利用零件功能创建宿舍内部底板。

（1）进入"2F"平面视图，选中楼板，键盘输入命令"hi"，将视图隔离出楼板，并确保"视图属性"面板上零件可见性设置为"显示两者"状态，如图 7.2.9 所示。

（2）按 Tab 键切换选中二层楼板，单击"创建零件"按钮，单击分割零件，在宿舍内部绘制宿舍地面草图，如图 7.2.10 所示。

（3）单击"完成编辑模式"按钮完成楼板分割。

视频 7.2.2 地板
楼地面

（4）选中上一步分割的楼板，在"属性"面板中去掉"通过原始分类"的勾选，在材质属性中重新定义地板材质，如图 7.2.11 所示。

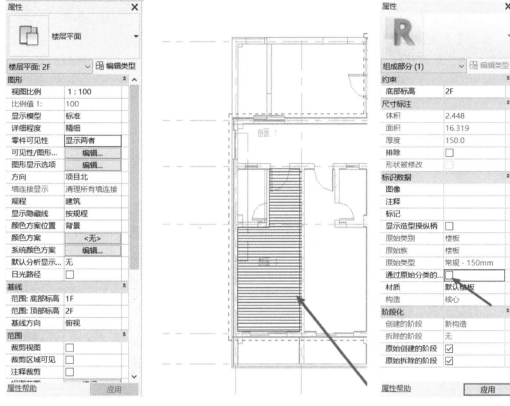

图 7.2.9　平面视图零件属性显示　　　图 7.2.10　零件绘制草图　　　图 7.2.11　地板材质定义

（5）在"材质浏览器"对话框中，定义地板材质为"樱桃木 100"，如图 7.2.12 所示。

（6）地板完成效果如图 7.2.13 所示。

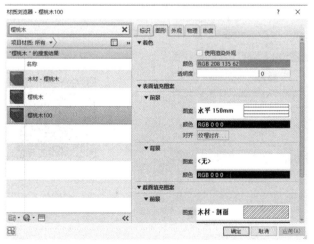

图 7.2.12　地板材质设置

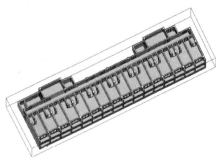

图 7.2.13　地板完成效果

【学习测验】

1.【多选】楼层地面构造一般为（　　）。

    A．面层　　　　　　B．楼板　　　　　　C．填充层　　　　　D．基层

2.【多选】防滑砖地面创建的方法有（　　）。

    A．结构楼板　　　　B．建筑楼板　　　　C．玻璃斜窗　　　　D．屋顶

7.3 吊顶

室内天花吊顶组成构件主要有吊顶龙骨、天花面板、窗帘盒、通风口、灯具、喷淋、检修孔、广播等，其中大部分属于成品安装。以一层开水间为例，阐述吊顶天花的创建方法。

7.3.1 纸面石膏板

（1）打开"项目浏览器"→"天花板平面"→"1F"平面视图。在"属性"面板中单击"编辑类型"按钮，弹出"类型属性"对话框，单击"复制"按钮，新建天花板类型为"纸面石膏板"，如图7.3.1所示。

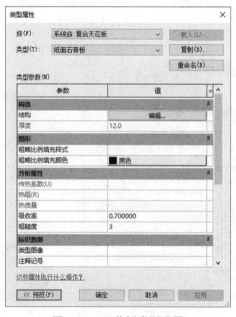

视频 7.3.1　纸面
石膏板

图 7.3.1　天花板类型设置

（2）在"编辑部件"对话框中设置天花板厚度为"12.0"，设置类型为"纸面石膏

板", 设置表面填充为"1200 mm×900 mm", 如图 7.3.2～图 7.3.4 所示。

（3）使用"自动创建天花板"按钮, 在开水间内部单击, 完成绘制, 如图 7.3.5 所示。

图 7.3.2　天花板材质设置

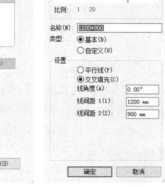

图 7.3.3　纸面石膏板
表面填充设置

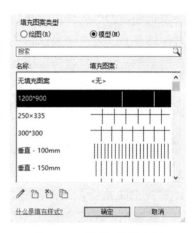

图 7.3.4　纸面石膏板表面
填充定义

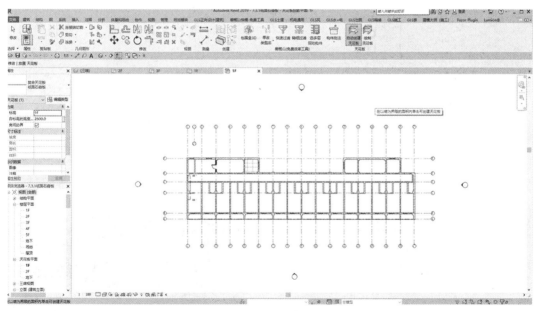

图 7.3.5　绘制纸面石膏板吊顶天花

7.3.2 吊顶龙骨

方法一：以族构件的形式来组装龙骨

此不上人吊顶龙骨包括"天花－主龙骨""天花－次龙骨"和"主龙骨吊件"，分别创建龙骨构件族，再拼装组合到以"基于天花板的公制常规模型"族样板创建的天花构件族中。此方法的优点在于可将各构件平立剖及三维表达集成在族中，方便以后重复利用。随着构件族的累积，会迅速提升后续项目的效率。

视频 7.3.2 吊顶龙骨

（1）新建"基于线的公制常规模型"的族，创建案例中主次龙骨，均使用 CB50×20 型材，如图 7.3.6 所示。

（2）吊装构件"主龙骨吊件"使用"基于天花板的公制常规模型"创建，如图 7.3.7 所示。

（3）按吊顶平面设计，将创建好的各龙骨构件加载到"基于天花板的公制常规模型"中组合。组合前，需复制"天花面板"轮廓线到族中确定龙骨安装范围，再按设计放置主次龙骨，板面接缝处需加设横撑龙骨。

安装吊件完成效果如图 7.3.8、图 7.3.9 所示。

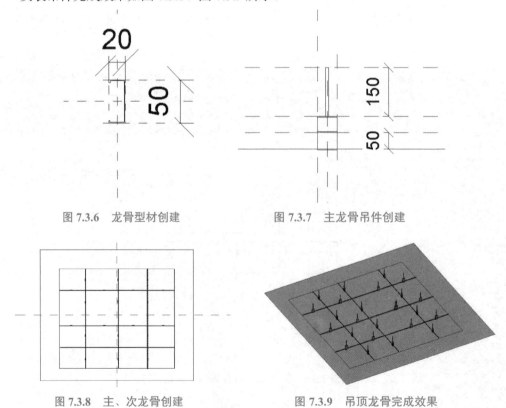

图 7.3.6　龙骨型材创建　　　　图 7.3.7　主龙骨吊件创建

图 7.3.8　主、次龙骨创建　　　　图 7.3.9　吊顶龙骨完成效果

方法二：利用玻璃斜窗功能来实现轻钢龙骨模型建立

（1）使用 Revit 软件族功能，利用公制轮廓样板，使用直线命令绘制主龙骨、次龙

骨的轮廓。

（2）将已经制作好的族文件全部载入项目中，在"项目浏览器""族"类别下，找到"矩形竖梃"，将前面载入的龙骨轮廓进行替换，分别复制建立主龙骨、次龙骨。

（3）建立玻璃斜窗，复制并重命名为"轻钢龙骨吊顶"，按图7.3.10做相应设置，单击"确定"按钮绘制相应的吊顶边界。

（4）轻钢龙骨全部绘制完成，完成效果如图7.3.11所示。

图7.3.10　吊顶设置

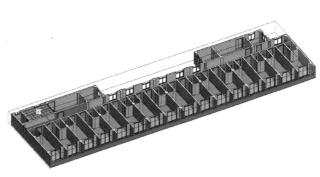

图7.3.11　吊顶完成效果

【学习测验】

1.【多选】吊顶龙骨的主要构件包括（　　　）。

    A. 主龙骨　　　　　B. 次龙骨　　　　　C. 吊件　　　　　D. 面板

2.【多选】吊顶龙骨创建的方法有（　　　）。

    A. 软件自带天花板　　　　　　　B. 族构件

    C. 玻璃斜窗　　　　　　　　　　D. 屋顶

7.4　室内布置

7.4.1　布置家具

（1）载入族。单击常用的几个选项卡"构件"下拉列表中的"放置构件"按钮，切换至"修改 | 放置 构件"上下文选项卡，单击"模式"面板中的"载入族"按钮，从外

部文件夹载入需要的所有家具。

（2）布置家具。打开"楼层平面 –1F"平面视图，开始布置家具。先布置两张双层床，单击"建筑"选项卡"构建"面板"构件"下拉列表中的"放置构件"按钮，在"属性"面板的类型选择器中选择一个双层床，然后进入平面视图开始放置。放置后可直接使用"移动"命令调整其位置。双层床布置如图 7.4.1 所示。

视频 7.4.1　布置家具

（3）按照同样的方法布置书柜，插入书柜族，在"类型选择器"中选择书柜，在家具所在平面视图单击"修改"面板下各种命令完成其平面视图的定位。如果调节相应家具，可在其"属性"面板"类型参数"中完成"尺寸""材质"等的修改。书柜布置如图 7.4.2 所示。

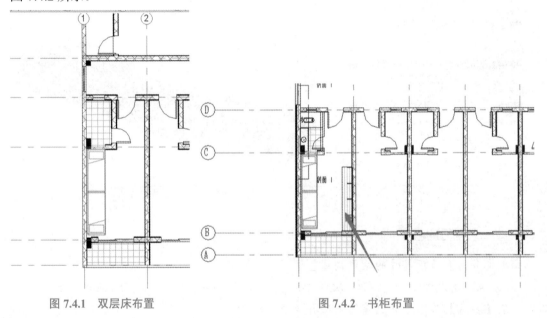

图 7.4.1　双层床布置　　　　　　　　　　图 7.4.2　书柜布置

7.4.2　布置卫生间

（1）载入族。单击常用的几个选项卡"构件"下拉列表中的"放置构件"按钮，切换至"修改 | 放置 构件"上下文选项卡。单击"模式"面板中的"载入族"按钮，从外部文件夹导入需要的所有卫浴设施。

（2）布置卫浴设施。打开"楼层平面 –1F"视图，开始布置卫浴设施，先布置蹲坑。

视频 7.4.2　卫生间布置

1）单击"建筑"选项卡"构建"面板"构件"下拉列表中的"放置构件"按钮。

2）从"类型选择器"中选择一个蹲坑，然后进入平面视图开始放置。

3）放置后，平面视图中的位置可直接使用"移动"命令来调整其位置。

（3）按照同样的方法布置洗脸台，在"属性"面板"类型选择器"中选择洗脸台的种类，在所在平面视图中，单击"修改"面板下的各种命令完成其平面视图的定位。

卫生间设施布置如图 7.4.3 所示。

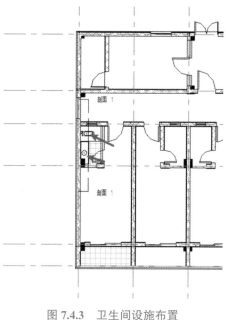

图 7.4.3　卫生间设施布置

【学习测验】

1.【多选】下列关于卫浴设施的布置，操作方法正确的是（　　）。

A. 单击"建筑"选项卡"构建"面板"构件"下拉列表中的"放置构件"按钮

B. 从"项目浏览器"中选中某个族，拖到绘图区域单击放置

C. 放置后可用"移动"命令调整其位置

D. 放置前可用"Space 键"旋转其方向

2. 放置构件的快捷键是（　　）。

A. SN　　　　　　B. CM　　　　　　C. SI　　　　　　D. SL

7.5　房间

房间和面积是建筑中重要的组成部分，使用房间、面积和颜色方案规划建筑的占用和使用情况，并执行基本的设计分析。

7.5.1 创建与选择房间

只有闭合的房间边界区域才能创建房间对象。Revit 软件可以自动搜索闭合的房间边界，并在房间边界区域内创建房间。

打开之前已完成的建筑模型，切换至 F1 平面视图。

（1）单击"建筑"选项卡"房间和面积"面板中的"房间"按钮。

视频 7.5.1　创建与选择房间

（2）切换至"修改|放置 房间"上下文选项卡，单击"标记"面板中的"在放置时进行标记"按钮，在"属性"面板的类型选择器中选择"标记 _ 房间 – 有面积 – 方案 – 黑体 –4–5 mm–0–8"。

（3）将鼠标光标移至轴线①~②、Ⓑ~Ⓒ相交区域内的房间位置时，发现 Revit 软件自动显示蓝色房间预览线，单击即可创建房间，如图 7.5.1 所示。

（4）按 Esc 键退出创建房间状态，将光标指向创建后的房间区域。当房间图元高亮显示时，单击选中该房间图元。在"属性"面板中，设置名称选项为"101"，单击"应用"按钮改变房间名称，如图 7.5.2 所示。

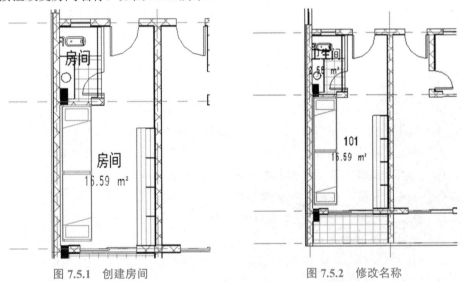

图 7.5.1　创建房间　　　　　　　　图 7.5.2　修改名称

创建的房间图元可以删除，只要选中房间图元后按 Delete 键即可。但删除房间图元的同时，房间标记也会随之删除。

7.5.2 房间的颜色填充

添加房间后可以在房间中添加图例，并采用颜色填充等方式用于更清晰地表现房间范围与分布。对于使用颜色方案的视图，颜色填充图例是颜色标识的关键所在。

视频 7.5.2　房间的颜色填充

1. 设置视图可见性

确定在房间图例平面视图中。

（1）单击"视图"选项卡"图形"面板中的"可见性/图形"按钮。

（2）系统弹出"楼层平面：1F 房间图例的可见性/图形替换"对话框。

（3）选择"注释类别"选项卡，在列表中禁用"剖面""剖面框""参照平面""立面"以及"轴网"选项，如图 7.5.3 所示。

图 7.5.3　可见性/图形替换

（4）单击"确定"按钮，关闭该对话框，房间图例平面视图中将隐藏辅助项目的轴线、剖面等参考图元，如图 7.5.4 所示。

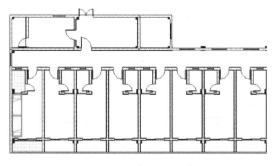

图 7.5.4　图例平面示意

2. 设置房间颜色填充图例

（1）单击"注释"选项卡"颜色填充"面板中的"颜色填充图例"按钮。

（2）单击视图的空白区域，放置"未定义颜色图例"如图 7.5.5 所示。

（3）选中未定义颜色图例，在界面右上角单击"编辑方案"按钮，如图 7.5.6 所示。

（4）在打开的"编辑颜色方案"对话框中选择"类别"列表中的"房间"，设置"标题"为"房间图例"，选择"颜色"为"名称"。这时，会弹出"不保留颜色"对话框，单击"确定"按钮，如图 7.5.7 所示。

（5）单击"确定"按钮，关闭"编辑颜色方案"对话框。平面视图中的项目房间中添加相应的颜色，并且左侧图例中显示颜色图例，如图 7.5.8 所示。

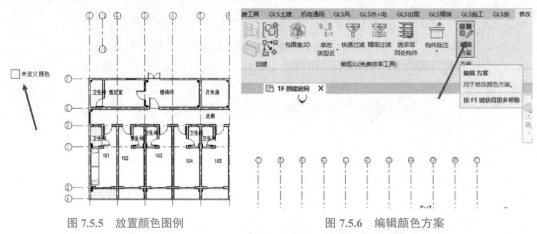

图 7.5.5 放置颜色图例   图 7.5.6 编辑颜色方案

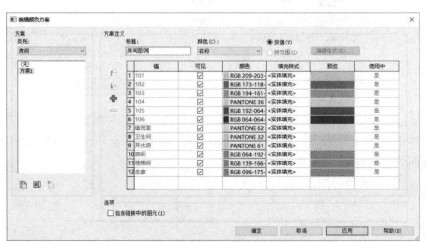

图 7.5.7 设置颜色方案

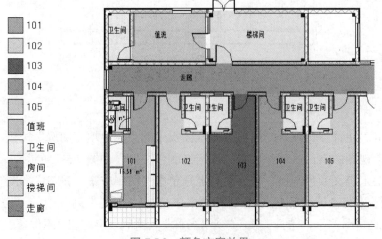

图 7.5.8 颜色方案效果

【学习测验】

1. 创建房间对象的前提是（　　　）。

    A. 曲线　　　　　　B. 直线　　　　　　C. 闭合区域　　　D. 未封闭区域

2. 【多选】颜色填充图例设置步骤是（　　　）。

    A. 选择"颜色填充"面板→"颜色填充图例"工具

    B. 单击视图的空白区域，在打开的"选择空间类型和颜色方案"对话框中选择"空间类型"为"房间"，"颜色方案"为"方案"

    C. 再次单击空白区域放置图例

    D. 双击空白区域放置图例

7.6　渲染和漫游

渲染视图前应先对构件材质进行编辑，然后放置相机调节视图，最后渲染视图。漫游就是由一个个帧组成的，每一个帧都是一个相机视图，其实也是对相机视图的调节。

7.6.1　构件材质设置

在渲染视图之前应该对材质进行编辑设置，以木质地板的材质为例。

（1）单击"管理"选项卡"设置"面板内"材质"按钮，弹出"材质浏览器"对话框。

（2）从左侧类型选择栏内找到"柚木"，双击鼠标左键。

（3）勾选"使用渲染外观"复选框，如图 7.6.1 所示。

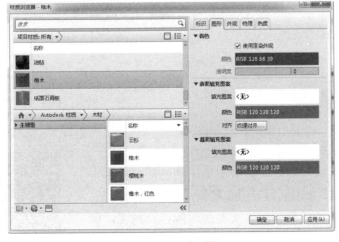

图 7.6.1　地板材质设置

视频 7.6.1　构件
材质设置

235

7.6.2　布置相机视图

对材质进行完设置后开始放置相机，创建相机视图。相机视图是为渲染做准备。

（1）在 1F 平面视图中，单击"视图"选项卡"创建"面板"三维视图"下拉列表中的"相机"按钮。

（2）将鼠标放到视点所在的位置单击鼠标左键，然后拖动鼠标朝向视野一侧，再次单击鼠标左键，完成相机的放置，如图 7.6.2 所示。

（3）放置完相机后当前视图会自动切换到相机视图，单击"着色"模式，如图 7.6.3 所示。

视频 7.6.2　布置相机视图

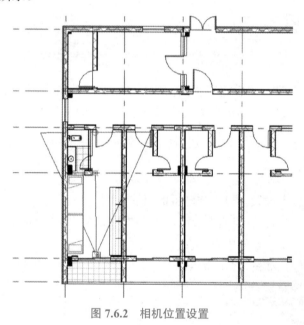

图 7.6.2　相机位置设置

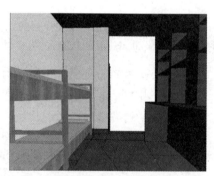

图 7.6.3　相机视图

7.6.3　渲染图像

渲染图像前，首先要进入将要渲染的相机视图。

（1）单击"视图"选项卡"图形"面板内"渲染"按钮。

（2）弹出"渲染"对话框，首先来调节渲染出图的质量，单击对话框"质量"选项组"设置"选项框后下三角按钮，如图 7.6.4 所示，从中选择渲染的标准。渲染的质量越好，需要的时间就会越多，所以要根据需要设置不同的渲染质量标准。

（3）在"渲染"对话框中"输出设置"选项组内调节渲染图像

视频 7.6.3　渲染图像

的"分辨率";"照明"选项组内将"方案"设置为"室内:日光＋人造光";"背景"选项组内可设置视图中天空的样式,不过因为是渲染室内视图,所以可以不考虑;"图像"选项组内可调整曝光和最后渲染图像的保存格式和存放位置。

（4）所有参数设置完成后,单击对话框中的"渲染"按钮,开始进入渲染过程,渲染完成后单击对话框中"导出"按钮,弹出对话框后设置图像的保存格式和存放位置,最后完成图片的渲染。

图 7.6.4　渲染选项设置

7.6.4　漫游

（1）在项目浏览器中切换至 1F 平面视图。

（2）单击"视图"选项卡"创建"面板"三维视图"下拉列表中的"漫游"按钮。

（3）将鼠标光标移至绘图区域,在 1F 平面视图中宿舍楼北面中间位置单击,开始绘制路径,即漫游所要经过的路径;单击选项栏上的"完成"按钮或按 Esc 键完成漫游路径的绘制,如图 7.6.5 所示。

（4）完成路径后,项目浏览器中出现"漫游"项,双击"漫游"项显示的名称是"漫游 1",双击"漫游 1"打开漫游视图。

视频 7.6.4　漫游

（5）打开项目浏览器中的"楼层平面"项,双击"1F",打开 1F 层平面视图,在"视图"选项卡"窗口"面板中单击"平铺"按钮,此时绘图区域同时显示楼层平面视图和漫游视图。

（6）单击漫游视图中的边框线,将显示模式替换为"着色",选择漫游视图边框线,单击视图四边上的控制点,按住鼠标左键向外拖曳,放大视图,如图 7.6.6 所示。

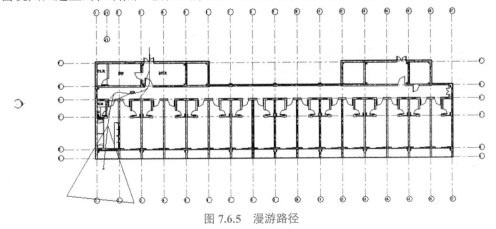

图 7.6.5　漫游路径

237

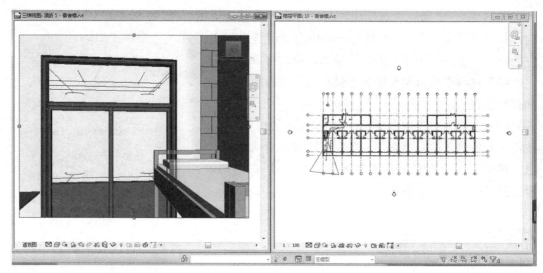

图 7.6.6　漫游视图平铺

（7）选择漫游视图边界，单击"漫游"面板上的"编辑漫游"按钮，在 1F 平面视图上单击。此时，选项栏的工具可以用来设置漫游单击帧数"300"，输入"1"，按 Enter 键确认。在"控制""活动相机"状态下，1F 平面视图中的相机为可编辑状态。此时，可以拖曳相机视点改变相机方向，直至观察三维视图该帧的视点合适。在"控制"下拉列表框中选择"路径"选项即可编辑每帧的位置，在 1F 平面视图中关键帧变为可拖曳位置的蓝色控制点，如图 7.6.7 所示。

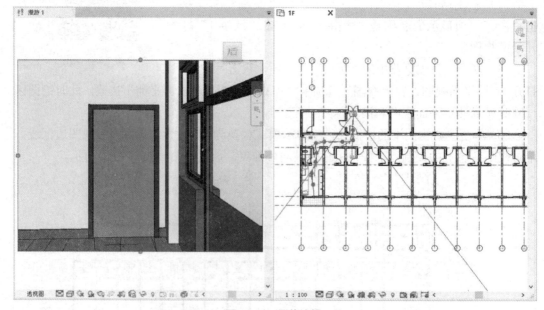

图 7.6.7　漫游编辑

（8）第一个关键帧编辑完成后单击选项栏的下一关键帧按钮，借此工具可以逐帧编辑漫游，使每帧的视线方向和关键帧位置合适，得到完美的漫游。

（9）如果关键帧过少，则可以在"控制"下拉列表框中选择"添加关键帧"选项，就可以在现有两个关键帧中间直接添加新的关键帧，而"删除关键帧"则是删除多余关键帧的工具。

（10）编辑完成后可单击选项栏上的"播放"按钮，播放刚刚完成的漫游。

（11）漫游创建完成后，可单击"文件"→"导出"→"漫游"按钮，弹出"长度 / 格式"对话框，单击"确定"按钮。

【学习测验】

1. 漫游是由一个个（　　　）组成。

    A．帧　　　　　　　　B．视频　　　　　　　　C．画面　　　　　　　　D．动画

2. 【多选】相机视图布置方法有（　　　）。

    A．单击"视图"选项卡"创建"面板"三维视图"下拉列表中的"相机"按钮

    B．将鼠标放到视点所在的位置单击鼠标左键，然后拖动鼠标朝向视野一侧，再次单击鼠标左键，完成相机的放置

    C．放置完相机后当前视图会自动切换到相机视图，单击着色模式

    D．放置完相机后手动切换到相机视图，单击真实模式

参 考 文 献

［1］廊坊市中科建筑产业化创新研究中心．"1+X"建筑信息模型（BIM）职业技能等级证书·教师手册［M］．北京：高等教育出版社，2019．

［2］BIM 工程技术人员专业技能培训用书编委会．BIM 技术概论［M］．北京：中国建筑工业出版社，2016．

［3］中国建设教育协会．BIM 建模［M］．北京：中国建筑工业出版社，2016．

［4］何关培．BIM 总论［M］．北京：中国建筑工业出版社，2011．

［5］张波，陈伟建，肖明和．建筑产业现代化概论［M］．北京：北京理工大学出版社，2016．

［6］何关培．BIM 技术应用基础［M］．北京：中国建筑工业出版社，2015．

［7］［美］查克·伊斯曼，保罗·泰肖尔兹，拉斐尔·萨克斯，等．BIM 手册（原著第二版）［M］．耿跃云，尚晋，等译．北京：中国建筑工业出版社，2016．

［8］王婷，应宇垦．全国 BIM 技能实操系列教程 Revit 2015 初级［M］．北京：中国电力出版社，2016．

［9］卫涛，李容，刘依莲．基于 BIM 的 Revit 建筑与结构设计案例实战［M］．北京：清华大学出版社，2017．

［10］李恒，孔娟．Revit 2015 中文版基础教程［M］．北京：清华大学出版社，2015．